Sumit Khot
Kiran Shinde

Evolução da resposta sísmica de uma estrutura de betão pré-fabricada com amortecedores

Sumit Khot
Kiran Shinde

Evolução da resposta sísmica de uma estrutura de betão pré-fabricada com amortecedores

ScienciaScripts

Imprint

Cover image: www.ingimage.com

This book is a translation from the original published under ISBN 978-620-7-46732-7.

Publisher:
Sciencia Scripts
is a trademark of
Dodo Books Indian Ocean Ltd. and OmniScriptum S.R.L publishing group

120 High Road, East Finchley, London, N2 9ED, United Kingdom
Str. Armeneasca 28/1, office 1, Chisinau MD-2012, Republic of Moldova, Europe
Printed at: see last page
ISBN: 978-620-8-15880-4

Conteúdo

RESUMO EXECUTIVO 2
CAPÍTULO 1 3
CAPÍTULO 2 8
CAPÍTULO 3 20
CAPÍTULO 4 36
CAPÍTULO 5 44
CAPÍTULO 6 45
CAPÍTULO 7 50
CAPÍTULO 8 71
Referências 72
Detalhes da publicação 73

RESUMO EXECUTIVO

O sistema industrializado de betão pré-fabricado facilita um método de construção que utiliza elementos pré-fabricados de longa duração e de rápida montagem para criar estruturas rentáveis e de alta qualidade. Este estudo trata da análise e investigação da estrutura de betão pré-fabricado para a gravidade aplicada, cargas laterais e o desempenho da estrutura pré-fabricada é estudado com a utilização da análise pushover e a eficácia do amortecedor como dispositivo dissipativo passivo na estrutura de betão pré-fabricado para controlar a vibração da estrutura de betão pré-fabricado, definindo o amortecedor adequado com a localização e o padrão dos amortecedores na estrutura pré-fabricada. O método do espetro de resposta é utilizado para analisar o comportamento sísmico de um edifício G+ de 5 andares com e sem amortecedores.

No método do espetro de resposta, a força do terramoto é aplicada nas direcções x e y. Para efeitos de análise, é utilizado o software ETABS 2018, considerando a zona sísmica V de acordo com o código 1893:2016 (parte 1). Os resultados são comparados considerando a deriva do piso, o deslocamento do piso e o cisalhamento da base. A comparação desses vários parâmetros é feita para diferentes localizações de amortecedores e diferentes padrões de amortecedores na estrutura. Para verificar o desempenho da estrutura, a análise não linear (análise pushover) é considerada em termos de curva pushover, articulações plásticas e nível de desempenho do edifício.

Após a análise do espetro de resposta, a estrutura sem amortecedor excede o limite admissível para os critérios de deriva previstos na norma IS 1893:2016, ao passo que a estrutura com FVD na parte central da estrutura com padrão em ziguezague apresenta melhores resultados do que a estrutura com amortecedor de fricção tanto na análise RSA como na análise estática não linear.

Palavras-chave: *Estrutura de betão pré-fabricada, amortecedor de fluido viscoso, amortecedor de fricção, padrão de amortecedores, análise do espetro de resposta, análise estática não linear*

CAPÍTULO 1

I. Introdução

No desenvolvimento do betão pré-fabricado, os elementos estruturais (por exemplo, vigas, pilares, divisórias e unidades de pavimento) e os elementos de design (por exemplo, revestimentos) são desenvolvidos na indústria, deslocados para o local da estrutura, erguidos e montados. O comportamento sísmico das estruturas pré-fabricadas e das estruturas de extensão é profundamente dependente das qualidades (i.e., resistência, rigidez e capacidade de deslocamento) das ligações entre os elementos básicos pré-fabricados e entre os elementos da base e da fundação. O mau desempenho das estruturas pré-fabricadas em abalos sísmicos anteriores tem sido regularmente atribuído a ligações ineficazes planeadas ou potencialmente construídas de forma inadequada. Para tornar a estrutura sismicamente forte e reduzir a força lateral induzida na estrutura, são introduzidos amortecedores na estrutura.

I.1 Objetivo

- Estudar o desempenho de uma estrutura de betão pré-fabricada contra forças laterais com e sem utilização de amortecedores

1. Amortecedor de fluido viscoso
2. Amortecedor de fricção

- Definir a localização correta e o padrão dos amortecedores na estrutura pré-fabricada.
- Estudar vários parâmetros, nomeadamente o corte de base, a deriva do piso, o deslocamento do piso da estrutura pré-fabricada, efectuando a análise da estrutura pré-fabricada
- Estudar o desempenho da estrutura de betão pré-fabricado na análise estática não linear (pushover)

I.2 Motivação

O termo dinâmica pode ser caracterizado diretamente como uma flutuação no tempo; consequentemente, uma carga dinâmica é qualquer força cujo tamanho, direção e, adicionalmente, posição diferem com o tempo. Comparativamente, a resposta estrutural a uma carga dinâmica, ou seja, as tensões e deformações subsequentes, é adicionalmente variável no tempo, ou dinâmica.

Uma estrutura numa região de elevada propensão sísmica e elevada força do vento deve ser deliberadamente projectada para garantir uma paridade satisfatória entre a rigidez e a resistência.

A prática tradicional consiste em enrijecer uma estrutura de modo a diminuir a resposta dinâmica sob carga de vento. Em qualquer caso, isto tem o impacto de aumentar o cisalhamento sísmico de base que é atraído para a estrutura. Ao adicionar amortecimento de reforço à estrutura, é concebível diminuir a rigidez de flexão da estrutura para limitar o cisalhamento de base sísmico e, simultaneamente, controlar a resposta do vento

I.3 Antecedentes

Para este estudo, foram analisados vários estudos que incluem investigações relacionadas com estruturas pré-fabricadas, análise estrutural, FVD e amortecedores de fricção.

Brian G. Morgen e Yahya C. Kurama (2008) estudaram uma estrutura de betão pré-fabricado pós-tensionada resistente a momentos para desenvolvimento sísmico, na qual são colocados amortecedores de fricção em extremidades de vigas escolhidas. Os amortecedores utilizam as deformações que aparecem à distância entre os indivíduos da viga e do pilar

durante o movimento sísmico. Os parâmetros considerados são: a. O número de andares
I.4 número, resistência e qualidade dos amortecedores
I.5 quantidade de pós-tensão.

Marco Valentea (2013) investigou outro tipo de amortecedor de fricção para melhorar a obstrução de uma estrutura pré-fabricada contra forças sísmicas de grande magnitude. O amortecedor de fricção é colocado em algumas ligações entre vigas e pilares na estrutura nua para reter a vitalidade através da atividade de contacto no amortecedor em abalos sísmicos graves. Foi elaborado um modelo ajustado que retrata o comportamento histerético do dispositivo de fricção e foram efectuados exames paramétricos para avaliar a estimativa ideal da potência de deslizamento do amortecedor de fricção para as diferentes estruturas pré-fabricadas.

J. Sanchez, L. Toranzo e T. Nixon (2012) relataram os resultados de uma avaliação próxima de uma clínica de emergência existente na Califórnia, depois de um tremor ter surgido no local da estrutura. Este exame é composto por três partes fundamentais:

a. Registo da aceleração do solo no local da estrutura.
b. Realização de uma investigação estática não linear (pushover) da estrutura. c. Avaliação estrutural de danos não estruturais da estrutura após um terramoto.

A investigação dinâmica e Pushover foi utilizada para caraterizar os resultados quando o abalo sísmico ocorreu no local da estrutura. Os resultados obtidos na análise foram comparados com os danos reais observados no local da estrutura. Para a análise não-linear e dinâmica foi utilizado o software SAP2000.

Neda Nabid Iman Hajirasouliha, Mihail Petkovski (2019) neste exame estratégia produtiva é pesquisada para o plano ideal de amortecedores de fricção da técnica proposta, 3, 5 e 10 andares RC quadros com amortecedores de fricção são avançados utilizando técnica UDD versátil. **Os resultados** mostram que a estratégia UDD dá resultados ideais.

Yahya C. Kurama,; Sri Sritharan,; Robert B. Fleischman, Jose I. Restrepo, Richard S. Henry (2018) Esta investigação analisa os novos avanços nos componentes pré-fabricados, utilizações úteis e actualizações no código identificado com (a) parede de cisalhamento (b) enquadramento estrutural básico (c) pisos (d) peças de ponte. A partir desta auditoria, conclui-se que a ampla utilização de cimento pré-fabricado em território propenso a sismos e os novos avanços nas juntas pré-fabricadas levam a uma melhor execução sísmica das estruturas de edifícios e pontes.

Bindurani.P, A. Meher Prasad, Amlan K. Sengupta (2013) introduziram o modelo de associações num quadro de estrutura pré-fabricada do tipo parede. Nesta investigação, foi pensado um modelo de estrutura de 23 andares constituído por paredes pré-fabricadas e placas de secção. A componente de movimento de cisalhamento em juntas verticais está concentrada neste trabalho. Dois modelos melhorados foram feitos e concentrados para caraterizar o impacto das juntas verticais entre os segmentos de parede, nos desvios dos andares e nas forças formadas nas paredes. Descobriu-se que o modelo, quando não havia troca de força de cisalhamento através da junta vertical, deveria ter como pré-requisito a disposição de alguma quantidade de aço. A estrutura de parede com junta húmida dá uma melhor reação às forças sísmicas. Para evitar a rutura do reforço dos tirantes da estrutura, é importante o fornecimento de chaves de corte na estrutura pré-fabricada.

Carolina Tovar e Oscar A. Lopez (2004) avaliaram o impacto do número e da situação dos amortecedores na reação dinâmica, sendo o objetivo desta análise
I) estudar a forma como a variedade da disposição e o número de amortecedores influenciam

a reação sísmica de uma estrutura de pórtico.

ii) avaliar uma técnica reorganizada para investigar estruturas de pórticos que têm amortecimento não tradicional, de modo a concentrar-se na forma como o erro da estratégia simplificada é afetado pela situação dos amortecedores.

Foi utilizada uma estrutura resistente a momentos de cinco andares com duas estimativas do período de tempo maior exposta a dois movimentos de tremor de terra. Foram pensadas várias distribuições do número e da área de deslocação dos amortecedores, mantendo-se uma medida de amortecimento semelhante para cada situação. Os resultados indicaram que a situação dos amortecedores tem um impacto global nas respostas estruturais.

Esra Mete Guneyisi *, Gulay Altay (2007) estudaram o auxílio das curvas de fragilidade nesta investigação, as curvas de fragilidade foram produzidas para a avaliação quase sísmica de algumas medidas de reabilitação através da junção de amortecedores viscosos fluidos (VS) aplicados a um arranha-céus de betão armado (R/C) situado em Istambul. Nas técnicas de reabilitação consideradas, foi utilizado um tipo comparativo de amortecedores VS, com o objetivo de fornecer à estrutura três proporções de amortecimento viáveis distintas de 10%, 15% e 20%. Na investigação da fragilidade, foram utilizados 240 movimentos sísmicos do solo produzidos artificialmente, compatíveis com o espetro de projeto, para apresentar a inconstância do movimento do solo, a fim de considerar as reacções dinâmicas não lineares das estruturas quando adaptadas. Foram caracterizados quatro estados de dano: ligeiro, moderado, grande e rutura para comunicar o estado de dano. As curvas de fragilidade neste exame são referidas por capacidades de apropriação lognormal com dois parâmetros e criadas como uma componente de aceleração de velocidade crescente de pico do solo (PGA), aceleração espetral (Sa), deslocamento espetral (Sd). A correlação das curvas de fragilidade demonstrou que os amortecedores VS eram poderosos na contenção da reação sísmica básica sob diferentes movimentos de tremor de terra.

C.P. Providakis (2007) efectuou uma investigação não linear do histórico temporal utilizando um pacote de programação de análise estrutural comercial para contemplar o impacto do amortecimento do confinamento na deriva da base e da superestrutura. Diferentes estruturas de isolamento de chumbo-borracha elástica (LRB) são metodicamente comparadas e discutidas para uma apresentação sísmica de duas estruturas reais de betão armado (RC). A investigação paramétrica das estruturas equipadas com dispositivos de isolamento é efectuada para escolher os parâmetros de projeto adequados. A eficácia da aplicação de amortecimento viscoso suplementar para diminuir os deslocamentos do isolador, mantendo as forças de base em intervalos razoáveis, é adicionalmente investigada. Para o primeiro modelo foram pensados 28 amortecedores viscosos biaxiais e para o segundo modelo 42 amortecedores viscosos. O programa comercial de análise estrutural ETABS 8.3.0 foi utilizado para a investigação.

Stefano Sorace e Gloria Terenzi (2008) apresentaram um estudo que se concentra numa estrutura de contraventamento amortecido que consolida dispositivos viscosos de fluido de silicone pressurizado para proteção sísmica de estruturas de pórticos. Esta inovação inclui uma configuração de contraventamento em chevron invertido, em que um par de dispositivos interligados é colocado, correspondendo ao eixo da viga do pavimento, na extremidade de cada par de contraventamentos de aço de suporte. O segmento experimental desta investigação incluiu um esforço de ensaio pseudo-dinâmico numa estrutura de aço de três andares à escala 2:3 e numa estrutura de betão armado de três andares à escala real, sismicamente adaptada pela inovação considerada. Os resultados dos ensaios foram explicados para avaliar: a melhoria da resposta sísmica das duas estruturas após a reabilitação, adicionalmente analisada através de uma investigação convencional de avaliação baseada no desempenho; as capacidades dos modelos analíticos e numéricos aceites para recriar a resposta estrutural observada; e a metodologia de um procedimento recentemente definido para escolher o coeficiente de amortecimento de dispositivos viscosos fluidos, neste caso executado com subtilezas adicionais para utilização prática.

Babak esmailzadeh hakim, alireza rahnavard, teymour honarbakhsh (2004) apresentaram um estudo com um amortecedor de fricção baseado em Pall situado no ponto de cruzamento com o objetivo de contraventamento em X ou chevron foi planeado em relação à mão de obra iraniana. Foram efectuados testes para examinar o limite de dispersão de vitalidade dos amortecedores com vários tipos de superfície de deslizamento. A produtividade da estrutura foi explorada através de um exame não linear do histórico de tempo realizado em estruturas de aço de 2 e 3 andares com uma gama lógica de período sob disposições de 9 acelerogramas coordenados com tipos de solo S2 e S3. Devido ao desempenho superior da estrutura, o registo de danos de toda a estrutura foi visto como sendo representado antes por danos potenciais não estruturais ou por um impacto casual p-delta que induz uma potencial precariedade.

M. Ataur Rahman e Sri Sritharan (2007) contemplaram diferentes resultados obtidos com a utilização de uma combinação de armadura de aço macio e pré-esforço não ligado para estabelecer ligações entre vigas pré-fabricadas e pilares pré-fabricados. Foram utilizados modelos de reconhecimento para caraterizar a deriva da estrutura entre pisos e a aceleração do piso. Esta investigação apresenta uma avaliação sísmica baseada na apresentação de vários níveis para duas estruturas híbridas de betão pré-fabricado de cinco andares.

Mario E. Rodriguez; Jose I. Restrepo; e John J. Blandon (2008) descreveram um ensaio de aprovação de uma metodologia de base lógica proposta anteriormente para a avaliação das acelerações do nível do pavimento provocadas por terramotos em estruturas habituais trabalhadas com diafragmas rígidos. Foram recolhidas as acelerações horizontais do piso registadas a partir de ensaios em mesa de vibração de quatro estruturas de pequena dimensão, representando estruturas de betão armado reforçadas com estrutura e paredes de estrutura.

K. H. Chang (2009) A análise de edifícios é o julgamento dos impactos das forças sobre as estruturas físicas e os seus fragmentos. As estruturas sujeitas a este tipo de análise incorporam tudo o que deve suportar cargas, por exemplo, estruturas, vãos, veículos, ferragens, mobiliário, vestuário, lâminas de solo, próteses e tecidos naturais. A análise estrutural básica baseia-se no âmbito da mecânica aplicada, da ciência dos materiais e da aritmética aplicada para processar as deflexões e deformações de uma estrutura, forças internas, tensões, respostas de apoio, acelerações e estabilidade da estrutura. Os efeitos posteriores da investigação são praticados para verificar a energia de uma estrutura para uso, frequentemente evitando testes físicos. O exame estrutural é, portanto, uma parte fundamental do projeto de construção de estruturas, conforme retratado por K. H. Chang em 2009

Y. G. Zhao e T. Ono (2001) referiram-se a "Moment strategies for structural dependability", no qual afirmaram que, para efetuar uma análise precisa, um engenheiro de estruturas tem de decidir dados como cargas estruturais, geometria, condições de apoio e propriedades dos materiais. Os efeitos posteriores de tal análise incorporam normalmente respostas de apoio, tensões e deslocamentos. Estes dados são depois comparados com medidas que demonstram os estados de rotura. A análise estrutural progressiva pode analisar a reação dinâmica, a resistência e o comportamento não linear.

Mario Paz (1985) mencionou ainda os elementos estruturais e expôs como A investigação estrutural está fundamentalmente preocupada em descobrir o comportamento de uma estrutura física quando exposta à força. Esta atividade pode ser uma carga devido ao peso das coisas, por exemplo, indivíduos, mobiliário, vento, neve, ou então, outro tipo de excitação, por exemplo, um tremor de terra, a vibração do solo devido a uma explosão próxima, etc. De um modo geral, todas estas cargas são dinâmicas, incluindo a auto-carga da estrutura, uma vez que, mais cedo ou mais tarde, estas cargas não existiam. A distinção é feita entre a investigação dinâmica e a estática com base no facto de a atividade aplicada ter aceleração suficiente em comparação com a frequência natural da estrutura. No caso de uma carga ser aplicada gradualmente de forma adequada, as forças de inércia (primeira lei do movimento de Newton) podem ser ignoradas e o exame pode ser considerado um exame estático. A dinâmica estrutural é, deste modo, um tipo de investigação estática que abrange o comportamento de estruturas expostas a cargas dinâmicas (actividades com elevada aceleração). As forças dinâmicas incluem as populações, o vento, as ondas, o tráfego, os abalos sísmicos e os impactos. Qualquer estrutura pode ser exposta a um empilhamento dinâmico. O exame dinâmico pode ser utilizado para descobrir as deformações dinâmicas, o historial temporal e a investigação modal.

Y. Zhou, X. Lu, D. Weng e R. Zhang (2012), em "A practical design strategy for reinforced concrete structures with viscous dampers", demonstraram que, em comparação com a inovação do isolamento sísmico, a instalação de amortecedores VS fluidos nas estruturas actuais é cada vez mais prática devido a um desenvolvimento simples. Seja como for, o projeto de amortecedores viscosos fluidos, que proporciona um nível significativo de amortecimento numa estrutura, foi uma aplicação moderadamente nova na China para uma inovação estabelecida e demonstrada noutras áreas sismicamente activas do mundo.

CAPÍTULO 2

2. Descrição e objetivo do projeto

2.1 Geral

Este capítulo inclui uma breve informação sobre a estrutura pré-fabricada, o tipo de amortecedores, a terminologia básica relacionada com o amortecimento e a metodologia de projeto

2.2 Breve descrição das estruturas de betão prefabricadas

A tecnologia de desenvolvimento de pré-fabricados é uma estrutura de fundição de betão numa forma ou "estrutura" reutilizável que é, nesse momento, tratada num domínio controlado, transferida para o local de construção e elevada até ao local. A inovação da construção pré-fabricada inclui diferentes componentes pré-fabricados, por exemplo, paredes, vigas, painel de laje, coluna, lance de escadas, patamar e alguns componentes ajustados que são padronizados e destinados à fiabilidade, resistência e integridade estrutural da estrutura. O desenvolvimento de estruturas residenciais pré-fabricadas inclui o planeamento, a organização vital do estaleiro, a elevação, o manuseamento e o transporte de componentes pré-fabricados. Esta inovação é apropriada para o desenvolvimento de estruturas de arranha-céus que se opõem a forças horizontais sísmicas e instigadas pelo vento, juntamente com cargas de gravidade. A estrutura envolvente é disposta de tal forma que é adquirido o maior número de redundâncias de moldes. Estes componentes são moldados numa instalação de processamento controlada. A fábrica é criada no local ou perto do local, o que permite uma disposição eficiente em termos de armazenamento e transporte.

2.2.1 Tipos de elementos de betão pré-fabricados

São utilizados dois tipos principais de componentes sólidos pré-fabricados, especificamente componentes pré-fabricados de betão armado e componentes pré-fabricados de betão pré-esforçado, de acordo com as subtilezas apresentadas abaixo: Componentes de betão pré-fabricados - Partes de betão de uma estrutura

pré-fabricados em estaleiros de pré-fabricados ou no local de construção e serão introduzidos na estrutura durante o desenvolvimento.

I. Componentes pré-fabricados de betão armado: Estes serão compostos por barras de reforço ou malhas de arame potencialmente soldadas no interior dos componentes para dar a qualidade de resistência estrutural de acordo com a necessidade da peça, por exemplo, paredes de fachada, vigas, colunas, painéis de pavimento, lanços de escadas e muros de parapeito.

II. Pré-fabricados pré-tensionados em componentes de betão: Estes componentes são constituídos por pré-esforço em tendões no interior dos componentes para dar uma força prevista para resistir a cargas externas e fissuras, por exemplo, secções de núcleo oco, painéis, vigas e pranchas.

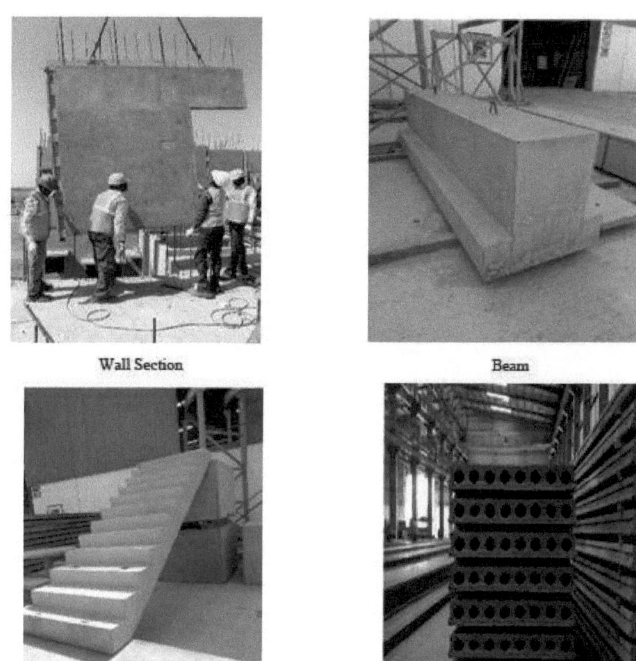

Wall Section Beam

Stair Flight Slab Panels

Secção da parede Viga

Painéis de lajes para escadas

Figura 2.1: Componentes de betão pré-fabricado

Detalhes da ligação: O projeto de ferragens para as ligações deve considerar as resistências tanto para as partes sólidas pré-fabricadas como para a estrutura. Estas considerações podem requerer arestas cortadas e placas com aberturas ou folgas sobredimensionadas para compensar as variações dimensionais, soldadura de campo ou espaços de calço adequados para ter em consideração as variações de altura. Deve ser dada uma liberdade mínima adequada entre as unidades pré-fabricadas e a estrutura para permitir as resiliências do item, da interface e da montagem. O equipamento deve ser projetado para compensar a preocupação extra com a maior liberdade prevista.

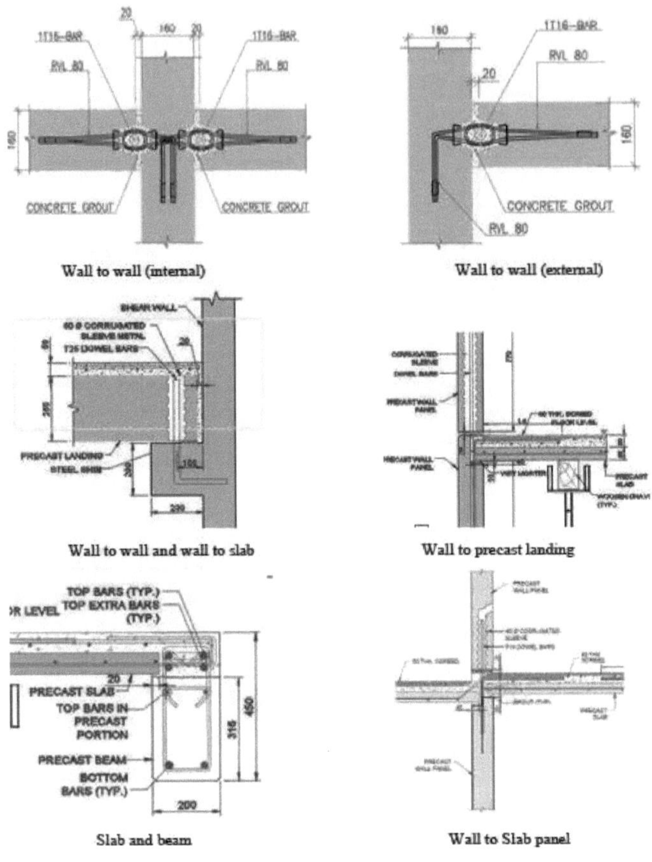

Parede a parede (interior) Parede a parede (exterior)
Parede contra parede e parede contra laje Parede contra patamar pré-fabricado
Laje e viga Painel de parede a laje
Figura 2.2: Pormenores de ligação do pré-fabricado

2.2.2 Juntas em estruturas pré-fabricadas

Uma junta é um orifício adequadamente planeado entre componentes de ligação ou entre um componente e outra parte da estrutura onde ocorre o movimento de forças (por exemplo, compressão, tensão, deformação e corte, etc.). As juntas podem ser planas, verticais ou inclinadas. A capacidade de uma junta entre componentes pré-fabricados é dar separação física entre as partes da estrutura.

a) Juntas secas: Junta obtida pela fixação básica de dois indivíduos através de métodos de soldadura ou afixação

b) Juntas húmidas: Para este estudo, considera-se a junta húmida do sistema pré-fabricado.

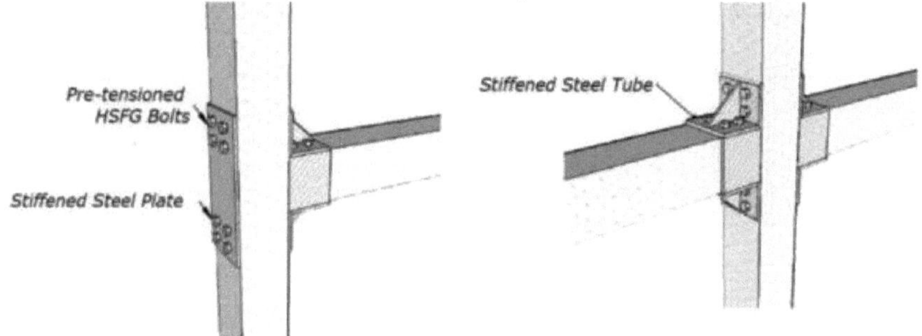

Figura 2.3: Junta seca

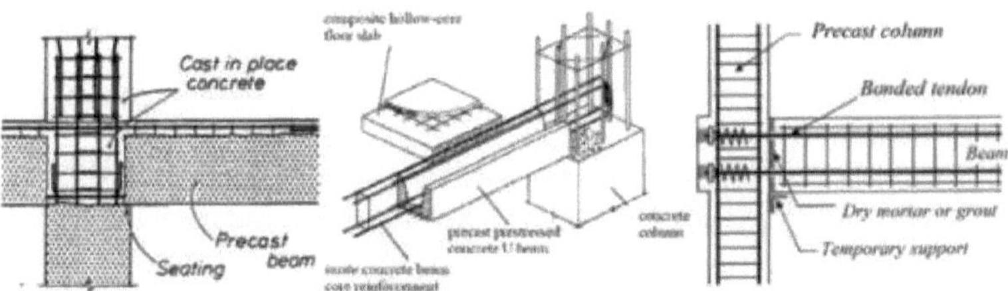

Figura 2.4: Junta húmida

2.3 Amortecimento

Amortecimento significa a redução da amplitude da oscilação desse sistema devido à perda de energia desse sistema para superar outras forças resistivas, também definidas como perda de energia em resposta ao longo do período de tempo desse sistema. A dissipação de energia inclui parâmetros como a radiação dos estratos do solo, materiais, etc. É necessário compreender melhor o amortecimento para avaliar os seus efeitos na estrutura. Devido ao amortecimento, a magnitude das forças será reduzida.

2.4 Sources

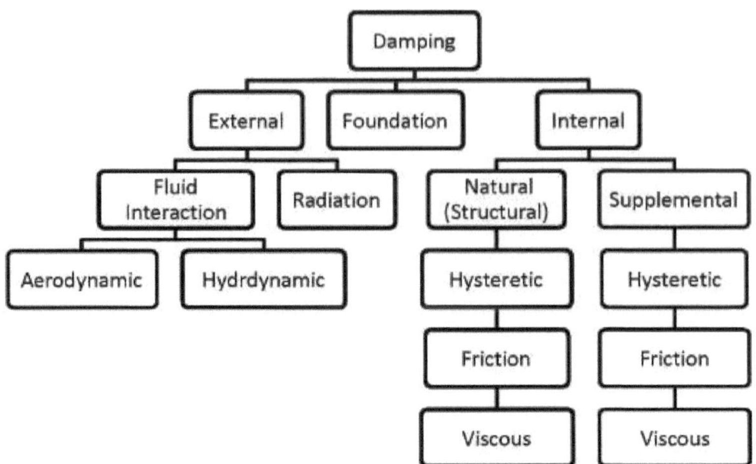

Figura 2.5: Fontes de amortecimento.

2.5 Importância do amortecimento.

Para a estrutura pré-fabricada, a pormenorização das juntas da estrutura é importante para aumentar a estabilidade da estrutura contra as forças laterais e para reduzir os danos estruturais. Mas em regiões de elevada sismicidade, a estrutura necessita de dissipar mais energia que é induzida por forças sísmicas elevadas e de diminuir os danos estruturais da estrutura. Para o efeito, são introduzidos diferentes tipos de amortecedores na estrutura.

2.6 Tipos de amortecedores

Os amortecedores são dispositivos de dissipação de energia que resistem às forças laterais e à deslocação do edifício quando a estrutura recebe forças sísmicas elevadas. Estes amortecedores ajudam a diminuir a encurvadura de colunas e vigas.

A classificação dos amortecedores baseia-se principalmente no desempenho do meio de absorção de energia como viscoso, metal (cedência), viscoelástico, amortecedores de massa sintonizada, fricção, ligas com memória de forma (SMA), introduzindo amortecedores na estrutura pré-fabricada, podemos reduzir a energia elevada que é produzida pelas forças laterais elevadas e são fáceis de instalar e substituir na estrutura.

2.6.1 Amortecedores de fricção

Nos amortecedores de fricção, a energia sísmica é dividida por duas faces de contacto do amortecedor e a energia sísmica é absorvida pela fricção entre as duas superfícies de contacto. Além disso, os amortecedores de fricção evitam a fadiga provocada por várias cargas (amortecedores que não funcionam sob carga) e o desempenho dos amortecedores de fricção não depende da temperatura e da velocidade. Os amortecedores de fricção são colocados paralelamente ao contraventamento. Devido ao seu processo de instalação simples e fácil e ao seu comportamento simples, este tipo de amortecedor de fricção é o mais utilizado.

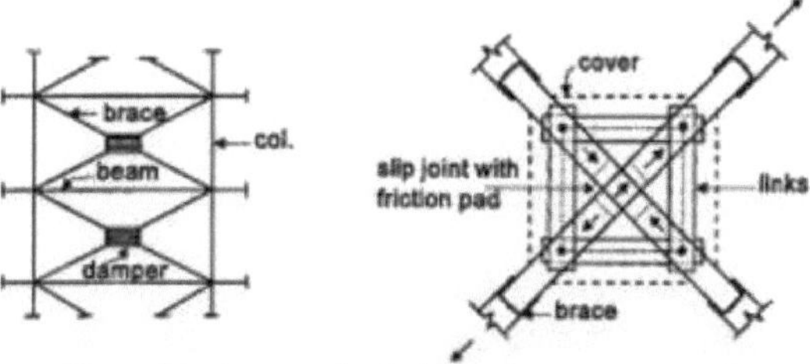

Figura 2.6: Amortecedor de fricção (contraventamento).

Figura 2.7: Amortecedor de fricção na estrutura.

2.6.2 Amortecedor de fricção Pall

No estudo que se segue, este amortecedor é considerado e modelado de acordo com as sugestões dadas pelo local de fabrico. Este amortecedor é constituído por parafusos de fricção fixados nas chapas de aço e colocados na parte central do contraventamento. As chapas de aço são ligadas entre si por parafusos de elevada capacidade de resistência, tendo em conta uma certa quantidade de forças de deslizamento nos parafusos e nas chapas de aço.

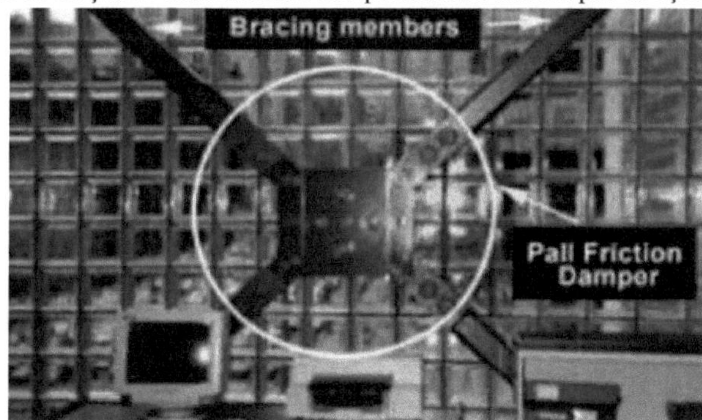

Figura 2.8 : Amortecedor de fricção Pall

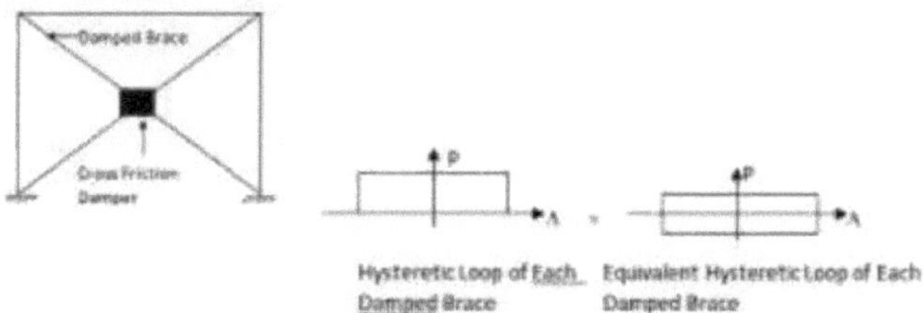

Figura 2.9: Instalação do amortecedor de fricção pall na estrutura.

2.6.3 Amortecedor PVD

É outro tipo de amortecedor de contacto e, devido à sua simplicidade de instalação, é um dos amortecedores mais utilizados em estruturas. O amortecedor PVD pode ser utilizado para criar um amortecimento fundamental para estruturas adaptáveis, por exemplo, estruturas de aço de flexão ou para dar um amortecimento convincente à rigidez relativa das estruturas. O amortecedor PVD destina-se a ser utilizado em estruturas onde a deformação pode criar um amortecimento importante, por exemplo, em estruturas de suporte de esqueleto metálico ou em estruturas de betão resistentes a momentos.

Figura 2.10: Processo de instalação do amortecedor PVD.

Figura 2.11: Amortecedor PVD da empresa Robison.

a. Por exemplo, um amortecedor PVD de 1MN pode atuar adequadamente para uma deformação de 0,5 mm a 5 mm.

b. O amortecedor PVD não necessita de manutenção e não tem qualquer massa lubrificante ou peças de enrolamento.

c. O amortecedor de PVD comporta-se como o comportamento de um amortecedor de metal.

2.6.4 Amortecedores viscosos

Neste amortecedor, ao utilizar um líquido viscoso como o silicone dentro de uma câmara, a energia é dispersa. Devido à simplicidade de instalação, flexibilidade e coordenação com diferentes indivíduos, além de uma variedade decente nos seus tamanhos, os amortecedores viscosos têm numerosas aplicações na conceção, estruturação e reequipamento.

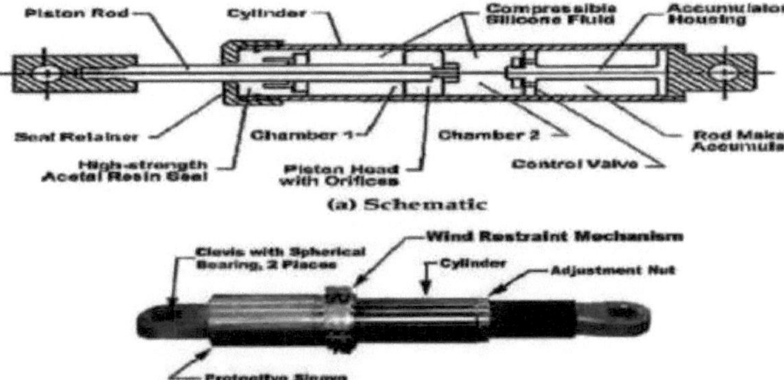

Figura 2.12: Secção longitudinal do amortecedor viscoso de fluido

Figura 2.13: Amortecedor de fluido viscoso na estrutura

2.6.5 Sistemas dinâmicos (activos) de controlo sísmico.

Em contraste com o quadro de controlo passivo, o quadro de controlo dinâmico (ativo) controla a reação estrutural, com sucesso, através de 2 componentes:

1. Por uma medida única de força de saída ou de vitalidade necessária (energia).
2. O procedimento de dinâmica depende da estimativa das informações em curso e incluídas.

A este respeito, o controlo dinâmico (ativo) incorpora uma inovação sem limites. No que diz respeito à conceção do controlo, o quadro de controlo dinâmico (ativo) é composto por 4 segmentos associados, que incluem

Estrutura, sensor, controlo de PC e controlador e actuadores, cada um deles funciona como estrutura lateral. Além disso, são incorporados que um rendimento de um quadro é uma contribuição de outro quadro é um quadro de controlo crítico. Desta forma, a necessidade de um quadro funcional está em uso ilimitado devido ao controlo dos poderes e são feitos por uma verdadeira conduta revigorante e auxiliar. No quadro dinâmico (ativo), quando a excitação de rendimento é considerada como um rendimento. Além disso, é chamado de estrutura de círculo aberto. No ponto em que a reação da estrutura é utilizada como uma entrada, a estrutura é chamada de círculo fechado ou círculo fechado. No ponto em que tanto a excitação quanto a reação são utilizadas, a estrutura é chamada de estrutura de controle aberto-fechado.

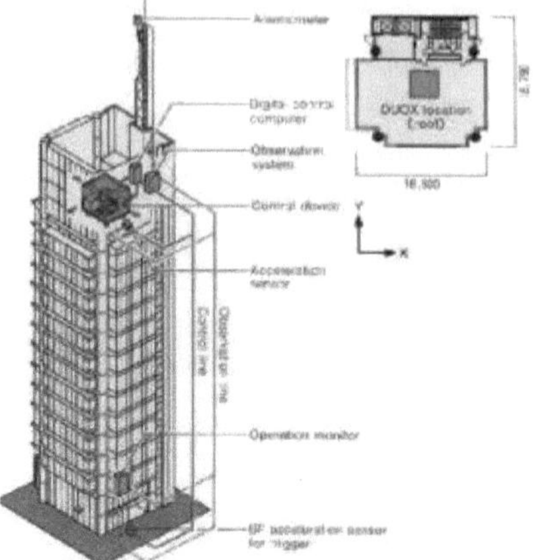

Figura 2.14: Sistemas dinâmicos (activos) de controlo sísmico na estrutura

2.6.6 Sistemas passivos de controlo sísmico

A estrutura pode amortecer as vibrações na hora do tremor. Esta estrutura incorpora massa móvel que é fixada à mola e é adicionada aos segmentos de amortecimento. Além disso, ao fazer com que a recorrência seja feita por histerese, aumenta o amortecimento na primeira estrutura. Além disso, ao associar um TMD à estrutura, a vitalidade sísmica da estrutura é transferida para o TMD e a sua vitalidade deteriora-se no amortecedor TMD. A estrutura de controlo passivo não necessita de uma fonte de força para fornecer força exterior. Além disso, a resposta dos segmentos de controlo passivo é, portanto, necessária para o desenvolvimento da estrutura durante o terramoto. Na estrutura controlada passivamente, a vitalidade que incorpora segmentos inactivos não pode construir a sua estabilidade através de componentes de controlo passivo. As técnicas de peças passivas são enfaticamente dependentes de uma configuração correta e devem ser explicitamente planeadas para cada estrutura, uma vez que não podem ajustar alterações básicas e alterações estruturais utilizáveis. Além disso, para todas as condições, os encargos necessários não são avançados. Consequentemente, as estruturas passivas podem ser bem sucedidas apenas para casos de violação que são estruturados ou ajustados com precisão.

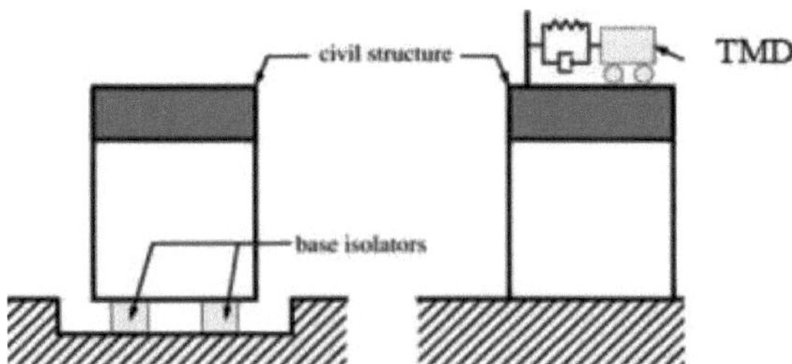

Figura 2.15: Estratégia do sistema de controlo passivo para a estrutura

2.6.7 Sistema de controlo semi-ativo ou híbrido da sesmia.

O termo "quadros de controlo híbridos cruzados" é utilizado para designar um híbrido e um híbrido que utiliza quadros de controlo dinâmicos (activos) e passivos. Os sistemas semi-dinâmicos são separados dos sistemas de controlo dinâmico (ativo). Nesta situação, a energia de saída necessária é inferior à do quadro de controlo dinâmico (ativo). Além disso, é apenas o fabricante de impulsos eléctricos que fornece o quadro de controlo. A porção de segmentos de controlo semi-dinâmico não adiciona vitalidade extra mecânica à estrutura (que incorpora controlo estrutural e de melhoria), pelo que a fiabilidade das informações e das juntas de saída é assegurada. As peças de controlo semi-dinâmico podem ser vistas regularmente como segmentos de controlo passivo. Especialmente, as forças cada vez mais seguras ou desvalorizadas são fornecidas pelo mecanismo interno dependente do sensor de saída. Neste sentido, a capacidade de combinação das melhores estruturas dinâmicas e passivas ou contra uma menor diminuição dos segmentos desejados e devido à baixa força, têm uma elevada capacidade de controlo. As estruturas semi-dinâmicas são uma opção atraente para as estruturas dinâmicas e híbridas.

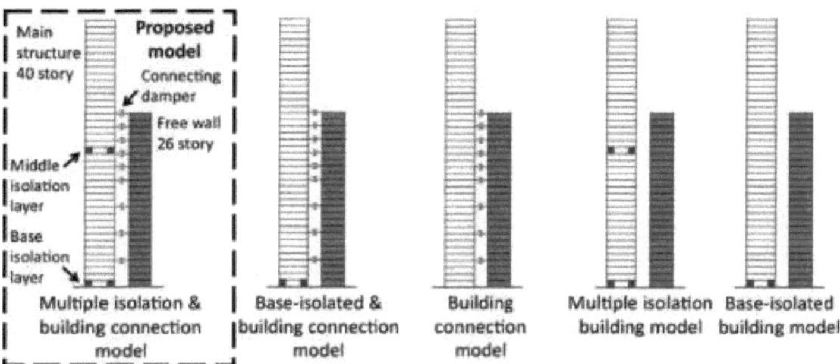

Figura 2.16: Estratégia de controlo híbrido ou sistema semi-ativo para a estrutura

2.7 Metodologia

Todo o projeto está dividido em 8 partes que são explicadas no fluxograma apresentado na fig.2.28. O estudo detalhado da investigação anterior é importante para definir o termo como propriedades dos amortecedores. Para a modelação e análise é utilizado o software ETABS. A análise estática equivalente, a RSA (Análise do Espectro de Resposta) e a análise pushover são efectuadas no modelo da estrutura pré-fabricada. Os termos e procedimentos básicos para resolver o problema do estudo são explicados brevemente a seguir.

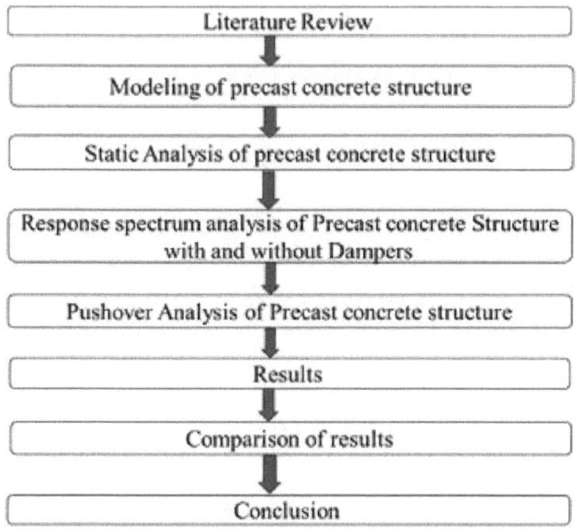

Figura 2.17: Fluxograma da metodologia do projeto

2.7.1 Terminologia de base

A ligação entre a estrutura física real e o arranjo numericamente exequível é dada pelo modelo científico que é uma atribuição representativa da estrutura glorificada substituta, incluindo todas as suposições forçadas sobre a questão física. Para fazer um exame dinâmico, a estrutura é demonstrada numericamente como uma estrutura de pote de massa de mola. O desenvolvimento de um modelo adequado para um determinado relatório requer uma compreensão do fenómeno essencial e uma ideia clara da mecânica fundamental.

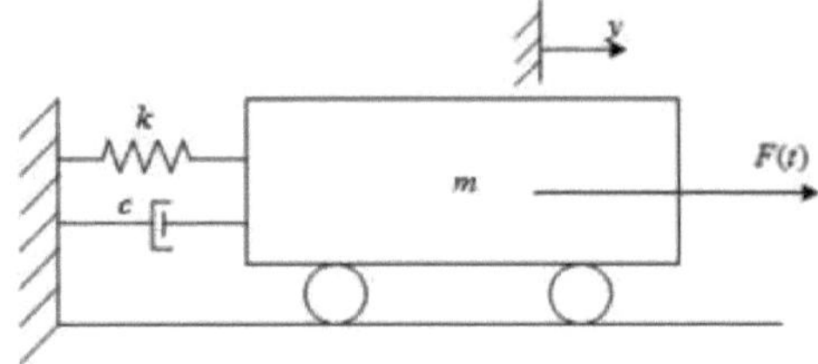

Figura 2.18: Modelo numérico de um grau de liberdade

A Fig. 2.18 mostra o caso de uma estrutura que pode ser considerada, para efeitos de análise dinâmica, como um sistema de um grau de liberdade. Por exemplo, uma estrutura demonstrada como um quadro com uma única coordenada de deslocamento. O modelo científico tem os seguintes componentes

i) Um componente de massa "m" que representa a massa e os atributos de inércia da estrutura.

ii) Um componente de mola "k" representa a força de restabelecimento flexível e o limite de vitalidade potencial da estrutura. A rigidez é a natureza da rigidez de um artigo. É o grau em que a estrutura se opõe à desfiguração em resposta a uma carga aplicada.

iii) Um componente de amortecimento "c" que tem qualidades de fricção e infortúnios flexíveis da estrutura.

iv) Uma carga de energização F(t) relacionada com as forças exteriores que acompanham a estrutura.

As suspeitas feitas na receção do modelo numérico:

v) A massa (m) está relacionada apenas com a propriedade de inércia.

vi) A componente da mola (k) representa a rigidez.

vii) A componente de amortecimento (c) apenas dispersa a vitalidade.

Considere-se o exemplo de uma estrutura SDOF, tal como aparece na Fig.2.29, que vibra sem amortecimento viscoso. A condição diferencial de movimento é obtida comparando com zero o conjunto das forças no diagrama de corpo livre

Obtém-se então a resposta total para a vibração amortecida forçada, que é dada a seguir

$$\therefore y(t) = e^{-\rho \omega t}[A \cos \rho t + B \sin \rho t] + \left[\frac{y_{st}}{\sqrt{(1-r^2)^2 + (2\zeta r)^2}} \right] \sin(\varpi t - \varphi)$$

Esta é a resposta total

2.7.2 Análise efectuada pelo ETABS

O projeto e a análise de uma estrutura pré-fabricada são realizados pelo programa computacional ETABS. Os pontos seguintes descrevem uma parte das áreas significativas da modelação.

2.7.2.1 ESM (Método Estático Equivalente)

Para conceber uma nova estrutura, temos de verificar primeiro a análise equivalente e, em seguida, verificar essa estrutura através de outras análises, como a análise dinâmica e a análise estática não linear, etc. Nesta análise, mantivemos apenas casos estáticos para executar a análise para este código IS 1893.2016 é referido.

2.7.2.2 RSA (Análise do espetro de resposta)

Para verificar se a estrutura é dinamicamente forte, temos de verificar essa estrutura para análise dinâmica, como a análise do espetro de resposta e a análise do histórico de tempo no nosso estudo, a estrutura do modelo pré-fabricado é verificada para a análise do espetro de resposta, consultando o código IS 1893:2016. Para tal, temos de definir a primeira função do espetro de resposta selecionando o respetivo código.

2.7.2.3 Análise estática não linear (pushover)

Fundamentalmente, a análise pushover é uma investigação estática não linear efectuada para criar a curva de capacidade ou a curva pushover da estrutura. Requer a execução de uma investigação estática não linear que permita observar a cedência dinâmica das estruturas.

A estrutura é oprimida por uma carga horizontal. A magnitude da carga aumenta até a estrutura atingir o deslocamento alvo. Este deslocamento alvo representa o deslocamento máximo quando a estrutura é exposta a uma excitação do solo ao nível de projeto. A modelação de articulações e a atribuição de articulações a componentes é uma tarefa importante na análise pushover

Passos de análise da análise Pushover no ETABS

i. Modelação de estruturas de betão pré-fabricadas em Etabs
ii. Análise estática considerando cargas estáticas na estrutura como D.L e L.L
iii. Conceção da estrutura
iv. Análise estática não linear (pushover)

2.8 Objetivo do projeto

- Os investigadores apresentaram estudos analíticos e experimentais sobre o desempenho sísmico de estruturas de betão pré-fabricadas através da utilização de paredes de cisalhamento e de uma pormenorização adequada das juntas da estrutura pré-fabricada.
- No passado, o mau desempenho dos edifícios pré-fabricados foi frequentemente atribuído a ligações mal concebidas e/ou mal construídas. Não foi publicada muita investigação sobre a utilização de dissipadores de energia para aumentar o desempenho sísmico de uma estrutura de betão pré-fabricado.
- Geralmente, na estrutura pré-fabricada, as dimensões dos elementos são escolhidas ou predefinidas para suportar várias cargas na estrutura, pelo que podemos descobrir o efeito da utilização de dissipadores de energia na estrutura pré-fabricada para obter uma boa resistência contra as forças sísmicas e de vento
- Diminuir a reação da estrutura utilizando adequadamente os amortecedores e demonstrando-a como geralmente eficaz na estabilidade da estrutura.

CAPÍTULO 3

3. Especificações técnicas

3.1 Geral

Este estudo baseia-se no número de investigações estáticas lineares, dinâmicas e estáticas não lineares em modelos de estruturas pré-fabricadas com secções transversais distintas de elementos estruturais como vigas e pilares. Este capítulo fornece uma breve informação sobre os vários parâmetros utilizados para a criação de modelos, seleção das propriedades dos amortecedores, colocação dos amortecedores na estrutura e seleção do padrão de colocação. A modelação precisa das propriedades não lineares de diferentes componentes estruturais é importante na análise não linear. Na análise atual, as colunas são demonstradas com deformação de flexão inelástica utilizando dobradiças não lineares ou dobradiças automáticas, modelando uma estrutura, a demonstração e seleção dos seus diferentes componentes de transporte de cargas, o modelo deve representar perfeitamente a força de disseminação de impressões, a rigidez e a demonstração de deformabilidade das propriedades do material e dos componentes estruturais utilizados na investigação atual é mencionada abaixo.

3.2 Dados estruturais

Todos os dados do modelo que é utilizado para a modelação da estrutura pré-fabricada, como os dados da estrutura, as dimensões dos componentes estruturais, são mencionados abaixo

- Tipo de estrutura: Estrutura 3D articulada rígida de vários andares (SMRF)
- Zona sísmica considerada para a análise: Zona V
- Fator de zona sísmica: 0,36
- Fator de importância: 1,2
- Tipo de solo: Solo médio
- Número de andares: G+5 Andares
- Dimensão do edifício: 23,6 m x 58,1 m
- **.2.1 Componentes estruturais**

Os componentes estruturais distintos considerados são a secção do pilar, as vigas e os painéis de laje com áreas variáveis são referenciados abaixo.

1. **Secções de vigas:**

Tabela 3.1: Dimensões das secções da viga

Nome do feixe	Largura do feixe (mm)	Profundidade da viga (mm)
B1	150	455
B2	150	475
B3	150	555
B4	150	575
B5	150	655
B6	150	675
B7	150	755
B8	150	775
B9	200	350
B10	200	450

2. **Secções de colunas:**

Quadro 3.2: Dimensões das secções dos pilares

Coluna Nome	Largura da coluna (mm)	Profundidade da coluna (mm)

C1	150	455
C2	150	475
C3	150	555
C4	150	575
C5	150	655

3. Lajes

Tabela 3.3: Espessura das lajes

Nome da laje	Espessura da laje (laje + betonilha de betão) (mm)
S1	155
S2	175

S1 e S2 são os painéis de laje utilizados no modelo. A espessura principal da laje S1 é de 130 mm e uma camada adicional de betonilha de 25 mm é espalhada no painel de laje. Os painéis S1 são utilizados em 1st a 4th laje.

e S2 é utilizado para o nível do telhado a espessura de S2 é de 150 mm

3.2.2 Informações sobre a história

Tabela 3.4: Informações sobre a história

História	Altura (mm)	Elevação (mm)	Semelhante a	História de Splice
Telhado Laje Nível	4500	25500	1st Nível da laje	Não
4th Nível da laje	4500	21000	1st Nível da laje	Não
3rd Nível da laje	4500	16500	1st Nível da laje	Não
2nd Nível da laje	4500	12000	1st Nível da laje	Não
1st Nível da laje	4500	7500	Nenhum	Não
Nível da viga de rodapé	3000	3000	Nenhum	Não
Base	0	0	Nenhum	Não

A tabela acima fornece informações sobre a altura dos andares e a altura total da estrutura. A altura de cada andar é de 4,5, exceto da base ao nível do rodapé, que é de 3 m. A altura total da estrutura é de 25,5 m e não há nenhuma disposição de emenda em nenhum andar.

3.3 Modelação da estrutura

Este estudo baseia-se no número de investigações estáticas lineares, dinâmicas e estáticas não lineares de secções transversais distintas de elementos estruturais como vigas e pilares. Esta parte da especificação técnica fornece uma breve informação sobre os vários parâmetros utilizados para a criação de modelos, seleção das propriedades dos amortecedores, colocação dos amortecedores na estrutura e seleção do padrão de colocação. A modelação precisa das propriedades não lineares de diferentes componentes estruturais é importante no exame não linear.

3.3.1 Modelo de estrutura pré-fabricada sem amortecedores

Para este modelo, a estrutura pré-fabricada é considerada sem amortecedor. Este modelo é então analisado com duas análises diferentes, uma é a análise equivalente e a outra é a RSA (análise do espetro de resposta), considerando a zona sísmica V e o tipo de solo é o solo médio. A função do espetro de resposta é atribuída utilizando a norma IS 1893:2016

Plano

A 1st nível da planta, são considerados 5 painéis de laje adicionais para a parte do alpendre frontal da estrutura

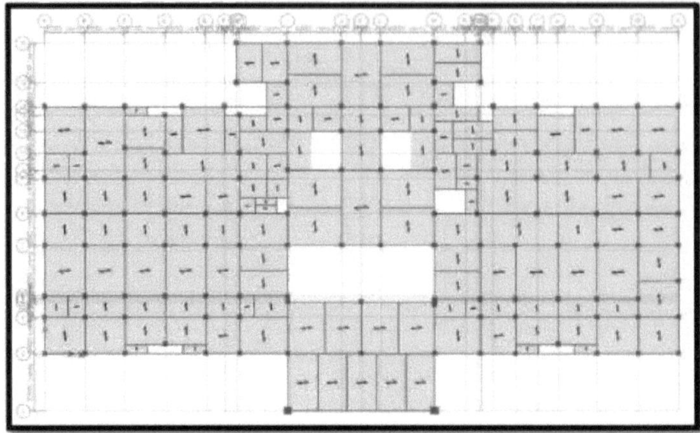

Figura 3.1: Plano do primeiro nível da laje

Elevação

A figura seguinte dá uma ideia pormenorizada da vista 3D do modelo de estrutura pré-fabricada sem amortecedores

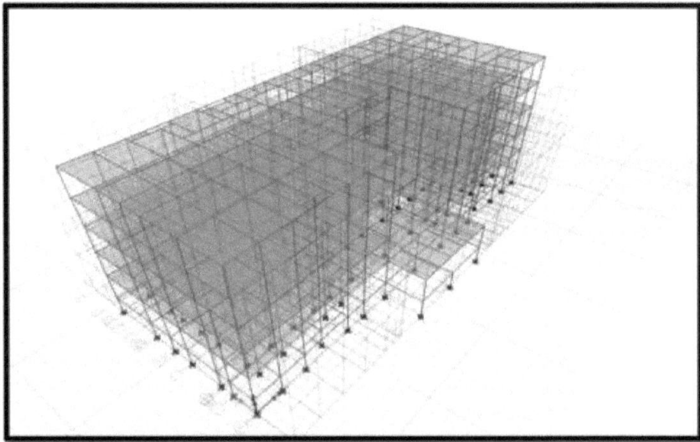

Figura 3.2: Modelo de estrutura pré-fabricada sem amortecedores

O primeiro modelo de estrutura pré-fabricada sem amortecedor é verificado para a análise estática equivalente, considerando a falha da barra e, em seguida, verificado para RSA (Análise do espetro de resposta)

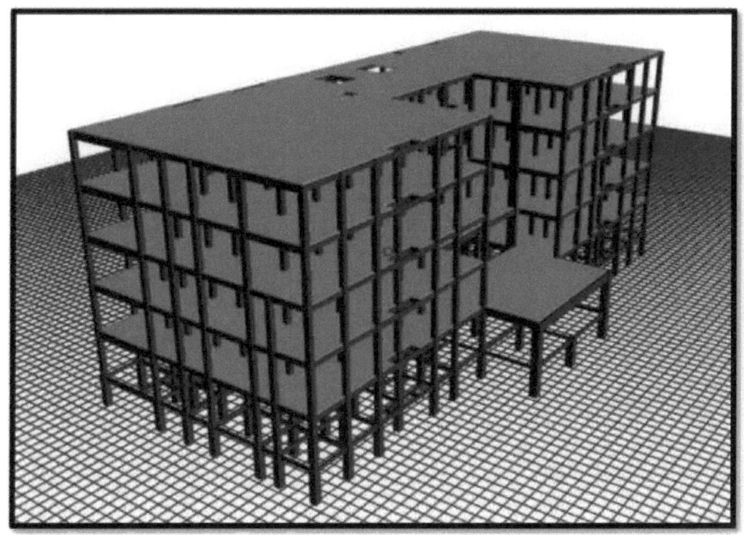

Figura 3.3: Vista renderizada em 3D do modelo pré-fabricado sem amortecedor

3.4 Modelo de estrutura pré-fabricada com FVD.

Modelação do amortecedor: Os amortecedores utilizados na modelação destas estruturas são da Taylor Devices Inc., fabricados nos EUA. Eles fornecem dois tipos de FVD com informações que podem ser utilizadas no ETABS 2018 para demonstrar a estrutura. São eles:

-

i. FVD e forquilha do dispositivo de bloqueio: conceção da forquilha

ii. FVD e bloqueio da forquilha do dispositivo: conceção da placa de base

Qualquer um deles pode ser utilizado na estrutura, mas o FVD com placa de base é fácil de instalar, pelo que é escolhido para a modelação da estrutura pré-fabricada. As subtilezas do FVD e dos dispositivos de bloqueio da forquilha - disposição da placa de base são demonstradas da seguinte forma. São possíveis diferentes cursos, de ±50 a ±900 mm. O limite de carga pode ser reduzido para um curso superior ao curso registado na tabela. Qualquer alteração do curso em relação ao curso padrão delineado altera o comprimento médio do curso

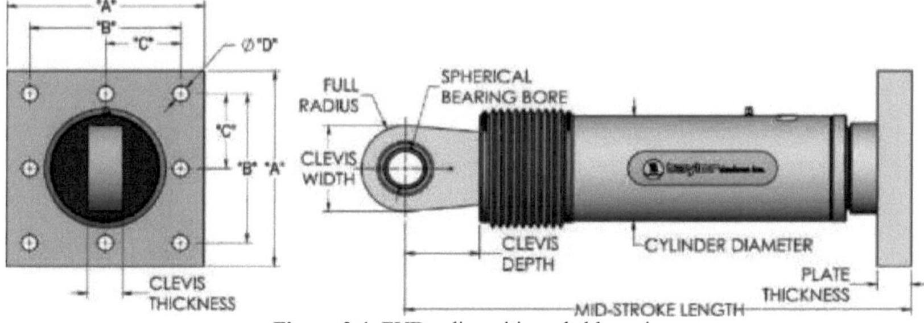

Figura 3.4: FVD e dispositivos de bloqueio

5 mm por cada ±1 mm de curso.

Modelo: Curso de 1000kN±100mm, curso médio LGis 1048mm

1000kN ± 150 mm de curso, 150-100= 50, 50*5=250

1048+250 = 1298 mm de comprimento do meio do curso

pode ser substituída por uma manga de aço à medida que os comprimentos de curso desejados aumentam. Aconselhar os dispositivos Taylor para curso superior a ±300 mm ou potencialmente para capacidades de carga em relação ao curso superior ao listado na tabela abaixo. O FVD com várias cargas pode ser utilizado para vários tipos de estruturas, uma vez que a estrutura demonstrada é de baixa estatura; Dispositivos de pequena capacidade.

Tabela 3.5: FVD com várias capacidades de carga (kN).

Força (kN)	Número do modelo (dispositivo Taylor)	Dia do rolamento (mm)	Curso médio Comprimento (mm)	Curso (mm)	Espessura da forquilha (mm)	Máximo. Largura (mm)	Profundidade (mm)	Espessura (rolamento) (mm)	Máximo. Cilindro Diâmetro (mm)	Peso (kg)
250	17120	38.10	787	±75	43	100	83	33	114	44

foram utilizados para iniciar o exame. Esta informação tabular pode ser tratada no programa, como demonstrado a seguir.

Após a modelação da estrutura, o FVD é adicionado às propriedades da ligação, selecionando a propriedade da ligação como Amortecedor-Exponencial na opção de propriedades da ligação no ETABS.

1st selecione o menu superior do ETABS e clique em definir depois de clicar em definir opção com diferentes opções de propriedades da secção de linha, propriedades do material, este tipo de janela será apresentado e, em seguida, selecione propriedades da secção e clique em propriedades da ligação/suporte e, em seguida, adicione uma nova ligação e introduza as propriedades da ligação.

Uma vez que o nosso modelo de estrutura pré-fabricada é de 5 andares, começámos com o amortecedor FVD de pequena capacidade, pelo que utilizámos o FVD 250 para a nossa estrutura. Durante a introdução dos dados, seleccionamos a propriedade linear e o amortecedor é linear na direção U1, com ambas as extremidades dos amortecedores fixas. De acordo com as diretrizes fornecidas pelo local de fabrico, o peso do FVD 250 é de 250 kN e a massa é de 44 kg.

Após o fornecimento dos dados, feche o separador e adicione a ligação na diagonal na extremidade de duas extremidades de vigas de piso diferentes, este é um padrão de colocação para o nosso estudo e o outro é em ziguezague na extremidade de duas extremidades de vigas de piso diferentes, do piso superior ao inferior. Para a colocação dos amortecedores, são selecionadas duas partes das estruturas

1) parte central da estrutura e
2) Moldura exterior nas partes de canto da estrutura.

3.4.1 FVD com padrão em ziguezague na parte central da estrutura

Para este modelo, considera-se um modelo de estrutura pré-fabricada com amortecedor viscoso fluido. Este modelo é então analisado com as duas análises diferentes, uma é a análise equivalente e a outra é a RSA (análise do espetro de resposta), considerando a zona sísmica V e o tipo de solo é o solo médio. A função do espetro de resposta é atribuída utilizando a norma IS 1893:2016. O modelo sem amortecedor está a falhar devido às elevadas forças sísmicas que verificámos para os parâmetros como a deriva do piso, o deslocamento do piso e os valores de corte do piso para evitar a falha da estrutura, introduzimos amortecedores no modelo de estrutura pré-fabricada

Plano

O modelo de estrutura pré-fabricada sem amortecedor está a sofrer uma falha devido às elevadas forças sísmicas induzidas na estrutura. Esta falha é definida com a ajuda dos critérios indicados na norma IS 1893:2016

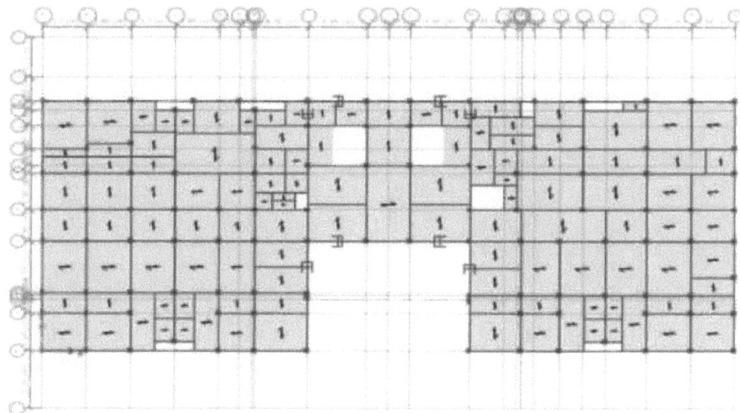

Figura 3.5: Planta da FVD com ziguezague na parte central

Elevação

Depois de adicionar as propriedades de ligação do FVD nos dados da ligação. A ligação é adicionada em ziguezague no final de duas extremidades de vigas de piso diferentes, do piso superior ao inferior. E a posição dos amortecedores na estrutura na parte central é utilizada

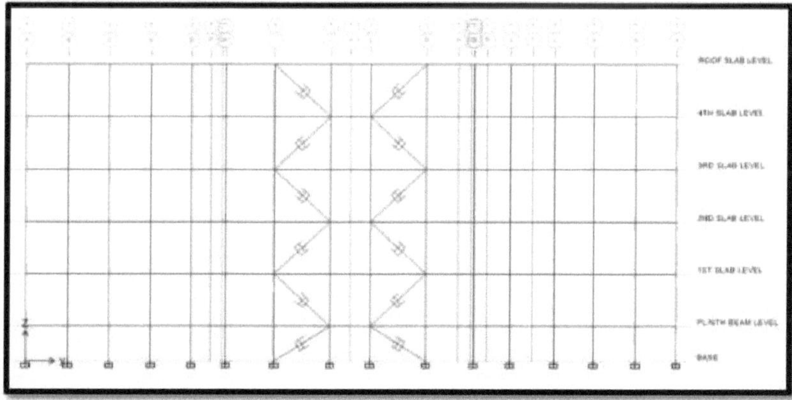

Figura 3.6: Elevação da FVD com ziguezague na parte central da estrutura

3.4.2 FVD com padrão em ziguezague na parte do canto da estrutura.

Depois de adicionar as propriedades da ligação nos dados da ligação. A ligação é adicionada em ziguezague na extremidade de duas extremidades de vigas de piso diferentes, do piso superior ao inferior. E a posição dos amortecedores na estrutura na parte do canto é utilizada.

Plano

A partir do plano de FVD com padrão em ziguezague na parte de canto da estrutura, podemos ver que a posição dos amortecedores no modelo de estrutura pré-fabricada

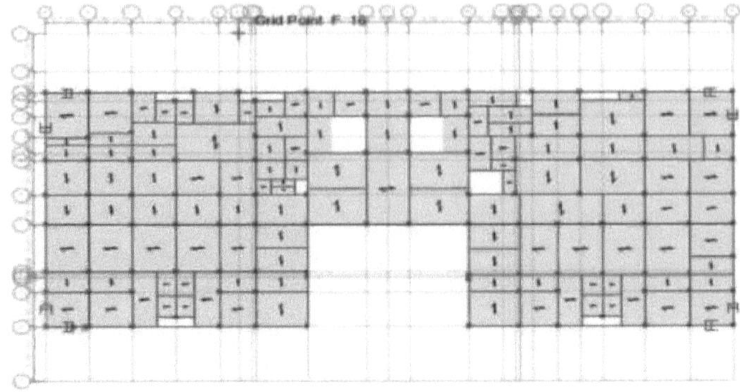

Figura 3.7: Planta da FVD com padrão em ziguezague na parte do canto da estrutura

Elevação

A elevação do FVD com padrão em ziguezague na parte do canto da estrutura é dada abaixo Os amortecedores são adicionados da base da estrutura ao telhado da estrutura na parte do canto da estrutura pré-fabricada.

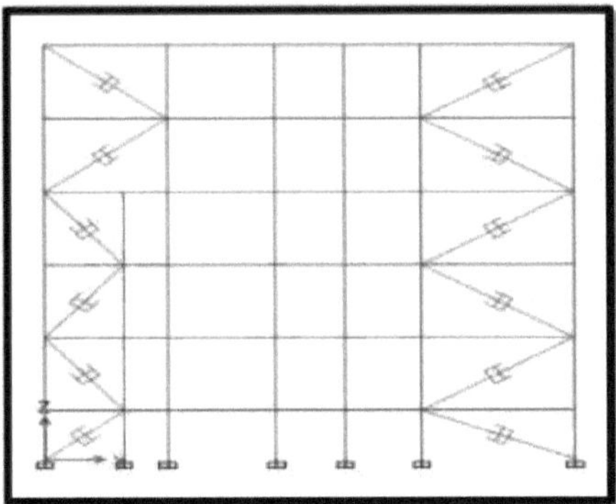

Figura 3.8: Elevação da FVD com padrão em ziguezague na parte do canto da estrutura

Vista 3D

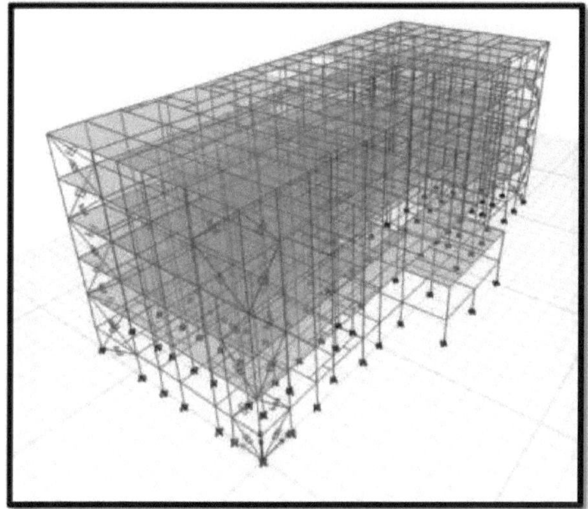

Figura 3.9: Vista 3D da FVD com padrão em ziguezague na parte do canto da estrutura

Esta é a vista 3d do FVD com padrão em ziguezague na parte do canto da estrutura. A partir desta figura, compreenderá melhor o posicionamento do FVD na estrutura

3.4.3 FVD com padrão diagonal na parte central da estrutura

O plano da FVD com padrão diagonal na parte central da estrutura será igual ao da FVD com padrão em ziguezague na parte central da estrutura.

Elevação

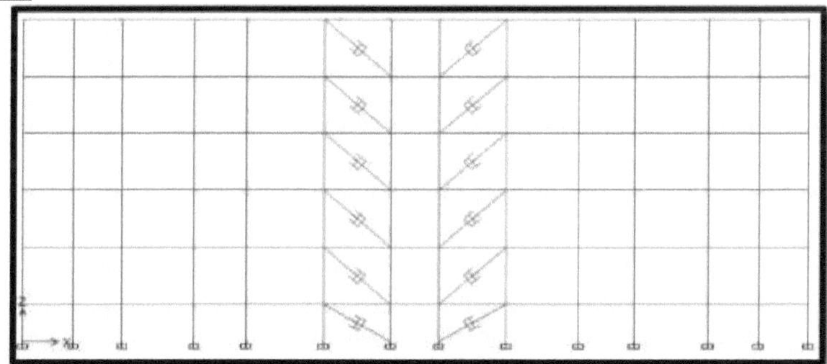

Figura 3.10: Elevação da FVD com padrão diagonal na parte central da estrutura

Depois de adicionar as propriedades da ligação nos dados da ligação. A ligação é adicionada diagonalmente no final de duas extremidades de vigas de piso diferentes. Do piso superior da estrutura ao piso inferior da estrutura

3.4.4 FVD com padrão diagonal na parte de canto da estrutura

O plano de FVD com padrão diagonal na parte de canto da estrutura será igual ao FVD com padrão em ziguezague na parte central da estrutura

Elevação

Após adicionar as propriedades da ligação FVD nos dados da ligação. A ligação é adicionada diagonalmente no final de duas extremidades de vigas de piso diferentes. Do piso superior da estrutura para o piso inferior da estrutura e a posição do amortecedor é no canto da estrutura

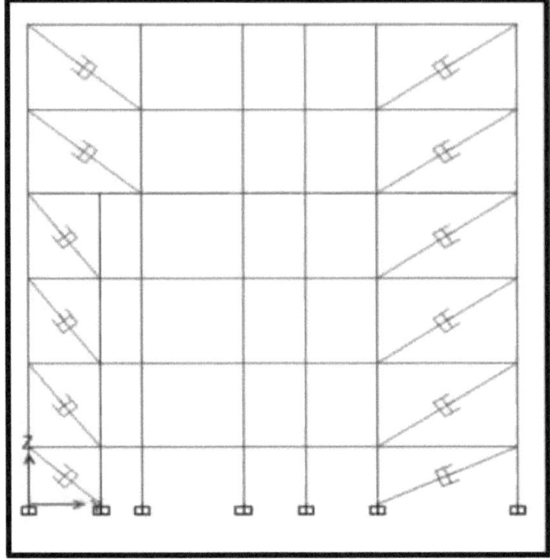

Figura 3.11: Elevação da FVD com padrão diagonal na parte do canto da estrutura

<u>Vista 3D</u>

A figura 3d do FVD com padrão diagonal na parte do canto da estrutura é apresentada a seguir. A partir desta figura, compreende-se melhor o posicionamento do FVD na estrutura

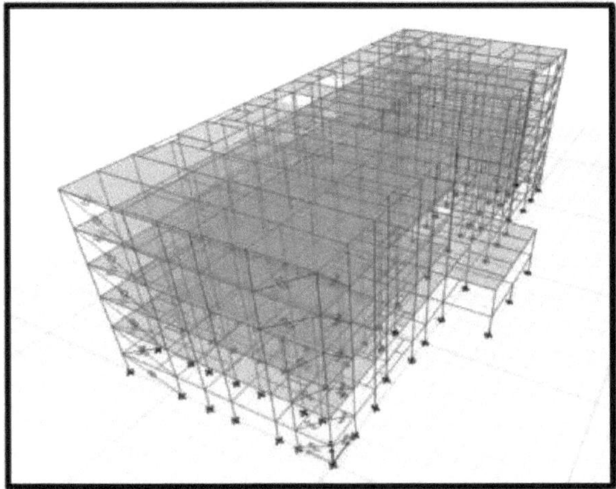

Figura 3.12: Vista 3D da FVD com padrão diagonal na parte do canto da estrutura

3.5 Modelo de estrutura pré-fabricada com amortecedor de fricção

No estudo que se segue, este amortecedor é considerado e modelado de acordo com as sugestões dadas pelo local de fabrico. Este amortecedor é constituído por parafusos de fricção

fixados nas chapas de aço e colocados na parte central do contraventamento. As chapas de aço são ligadas umas às outras com parafusos de alta resistência, considerando uma certa quantidade de forças de deslizamento em ambos os parafusos e chapas de aço. O suporte de compressão-tensão de canto a canto com Pall FD foi demonstrado de acordo com as recomendações acessíveis no sítio Web dos fabricantes (PallDynamics, Canadá).
Para o amortecedor de atrito, uma direção longitudinal e controlada nas outras duas direcções transversais, no seu sistema de arranjo próximo. A não-linearidade é considerada ao longo do curso dinâmico U1. A inatividade rotacional é nula e o pivot é limitado. Propriedades do amortecedor de fricção utilizadas de acordo com as seguintes propriedades As propriedades do amortecedor de fricção são dadas pela literatura de referência e pela sugestão fornecida pelo local de fabrico, ou seja, amortecedores de fricção pall. Após a modelação da estrutura, o amortecedor de fricção é adicionado às propriedades da ligação, selecionando a propriedade da ligação como plástico (wen) na opção de propriedade da ligação no ETABS.

Tabela 3.6: Propriedades da ligação para o amortecedor de fricção

Tipo de ligação	Plástico Wen
Massa (Kg)	429.32
Peso (kN)	4.21
Rigidez efectiva (kN/m)	23782.853
Amortecimento efetivo (kNs/m)	0
Força de cedência=força de deslizamento (kN)	700
Rigidez pós-esforço Rácio	0.0001
Expoente de rendimento	10

Primeiro, selecione o menu superior do ETABS e, em seguida, clique em definir após clicar na opção definir com diferentes opções de propriedades da secção de linha, propriedades do material, este tipo de janela será apresentado e, em seguida, selecione propriedades da secção e clique em propriedades da ligação/suporte e, em seguida, adicione uma nova ligação e introduza as propriedades da ligação.

3.5.1 Amortecedor de fricção com padrão em ziguezague na parte central da estrutura

Para este modelo, considera-se um modelo de estrutura pré-fabricada com amortecedor de fricção. Este modelo é então analisado com duas análises diferentes, uma é a análise equivalente e a outra é a RSA (análise do espetro de resposta), considerando a zona sísmica V e o tipo de solo é o solo médio. A função do espetro de resposta é atribuída utilizando a norma IS 1893:2016. O modelo sem amortecedor está a falhar devido às elevadas forças sísmicas que verificámos para os parâmetros como a deriva do piso, o deslocamento do piso e os valores de corte do piso para evitar a falha da estrutura, introduzimos amortecedores no modelo de estrutura pré-fabricada.

Plano

O modelo de estrutura pré-fabricada sem amortecedor está a sofrer uma falha devido às elevadas forças sísmicas induzidas na estrutura. Esta falha é definida com a ajuda dos critérios indicados na norma IS 1893:2016

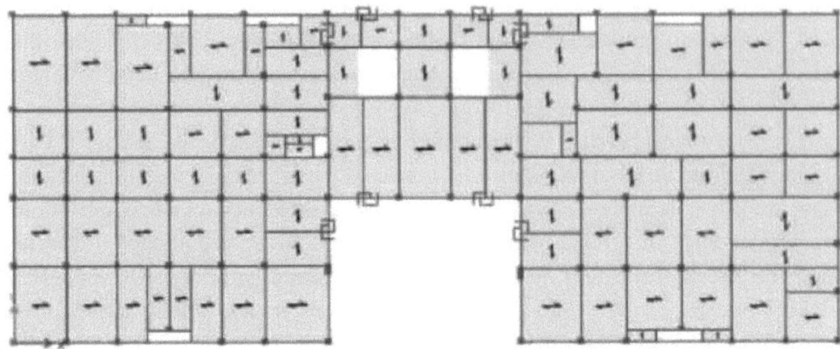

Figura 3.13: Plano do amortecedor de fricção com padrão em ziguezague na parte central

Elevação

Depois de adicionar as propriedades de ligação do amortecedor de fricção nos dados da ligação. A ligação é adicionada em ziguezague na extremidade de duas extremidades de vigas de piso diferentes, do piso superior ao inferior. E a posição dos amortecedores na estrutura na parte central é utilizada.

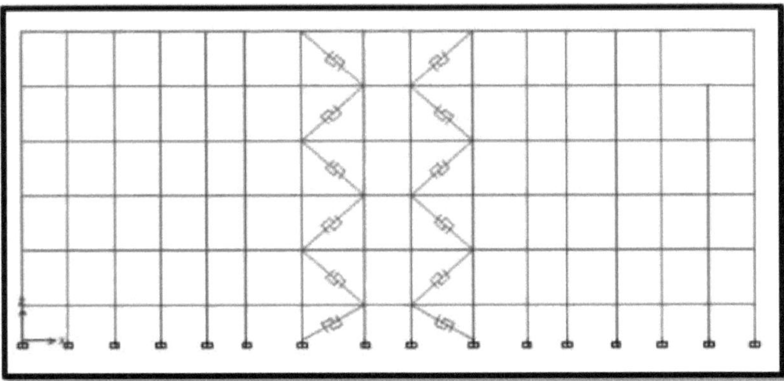

Figura 3.14: Elevação do amortecedor de fricção com padrão em ziguezague na parte central

3.5.2 Amortecedor de fricção com padrão em ziguezague na parte de canto da estrutura

Plano

Depois de adicionar as propriedades da ligação nos dados da ligação. A ligação é adicionada em ziguezague na extremidade de duas extremidades de vigas de piso diferentes, do piso superior ao inferior. E a posição dos amortecedores na estrutura na parte do canto é utilizada.

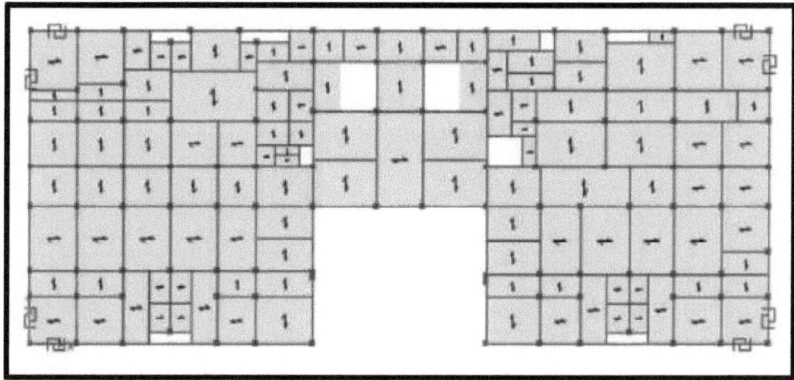

Figura 3.15: Plano do amortecedor de fricção com padrão em ziguezague na parte do canto

Elevação

A elevação do amortecedor de fricção com padrão em ziguezague na parte do canto da estrutura é dada abaixo Os amortecedores são adicionados da base da estrutura ao telhado da estrutura na parte do canto da estrutura pré-fabricada.

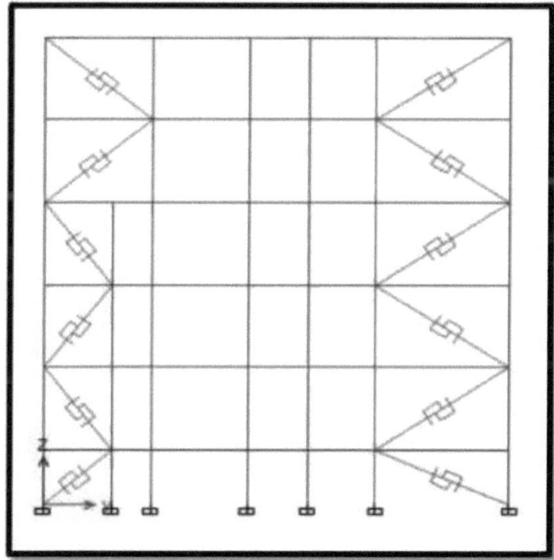

Figura 3.16: Elevação do amortecedor de fricção com padrão em ziguezague na parte do canto

3.5.3 Amortecedor de fricção com padrão diagonal na parte central da estrutura.

Plano

O plano do amortecedor de fricção com padrão diagonal na parte central da estrutura será o mesmo que o amortecedor de fricção com padrão em ziguezague na parte de canto da estrutura.

Elevação

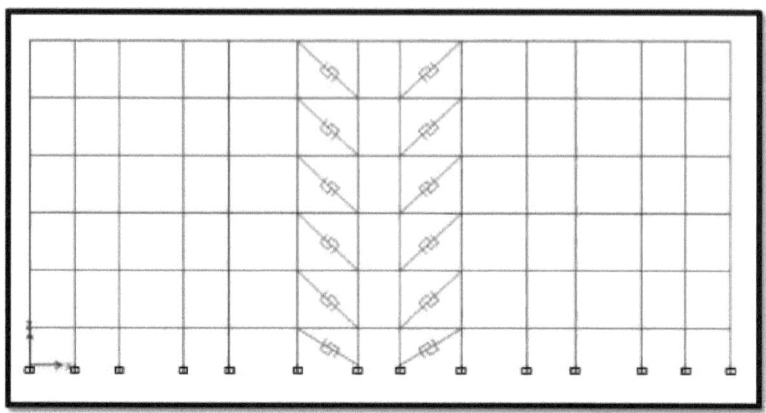

Figura 3.17: Elevação do amortecedor de fricção com padrão diagonal na parte central

Depois de adicionar as propriedades da ligação nos dados da ligação. A ligação é adicionada diagonalmente na extremidade de duas extremidades de vigas de piso diferentes. Do piso superior da estrutura ao piso inferior da estrutura

3.5.4 Amortecedor de fricção com padrão diagonal na parte de canto da estrutura

O plano do amortecedor de fricção com padrão diagonal na parte do canto da estrutura será igual ao do amortecedor de fricção com padrão em ziguezague na parte do canto da estrutura

Elevação

Depois de adicionar as propriedades da ligação do amortecedor de fricção nos dados da ligação. A ligação é adicionada diagonalmente no final de duas extremidades de vigas de piso diferentes. Do piso superior da estrutura para o piso inferior da estrutura e a posição do amortecedor é no canto da estrutura.

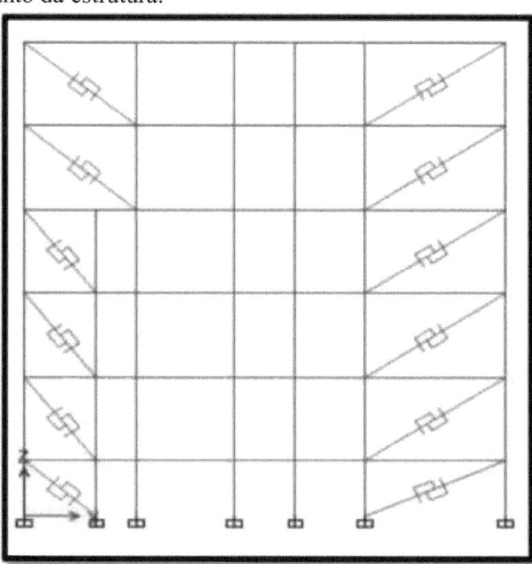

Figura 3.18: Elevação do amortecedor de fricção com padrão diagonal na parte do canto

Vista 3D

A figura 3d do amortecedor de fricção com padrão diagonal na parte do canto da estrutura é apresentada abaixo, a partir da qual se pode compreender melhor o posicionamento do FVD na estrutura.

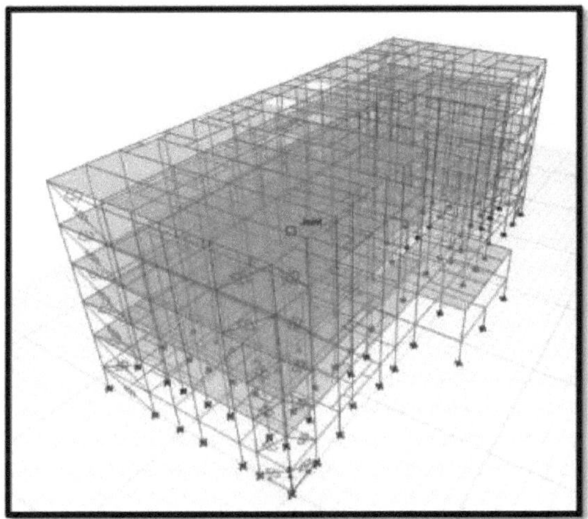

Figura 3.19: Vista 3D do amortecedor de fricção com padrão diagonal na parte do canto

3.6 Modelo de estrutura pré-fabricada para a análise pushover

Para a estática não linear, o utilizador pode reproduzir o comportamento pós-esforço definindo articulações plásticas concentradas para enquadrar objectos. O comportamento flexível ocorre ao longo do comprimento do componente e, posteriormente, a deformação para além da capacidade elástica ocorre totalmente no interior das charneiras, que são modeladas em áreas discretas.

O comportamento inelástico é obtido através da reconciliação da deformação plástica e da curvatura plástica que ocorre dentro de um comprimento de dobradiça caracterizado pelo cliente, normalmente da ordem da profundidade do componente

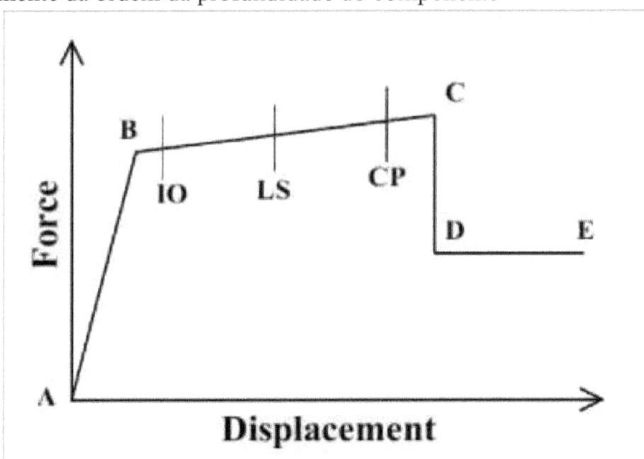

Figura 3.20: Curva força-deslocamento para dobradiça

Os níveis de desempenho (IO, LS e CP) de todos os elementos estruturais e não-estruturais são representados na curva carga versus deformação, como se mostra a seguir:

1. A para B - Estado elástico,

i) O ponto "A" define a condição de ausência de carga.

ii) O ponto "B" mostra que os elementos de construção estão a ceder.

2. B a IO- abaixo da ocupação imediata

3. IO a LS - entre a ocupação imediata e a segurança da vida,

4. LS to CP- entre a segurança da vida e a prevenção de colapsos,

5. CP a C - entre a prevenção do colapso e a capacidade última,

i) O ponto "C" indica a resistência de rutura dos elementos da estrutura.

6. C a D- entre C e a resistência residual,

1) O ponto "D" define a resistência residual dos elementos da estrutura.

7. D a E- entre D e o desmoronamento i) O ponto "E" corresponde ao desmoronamento.

(FEMA-356). Para captar a plasticidade dispersa ao longo do comprimento da peça, pode ser modelada uma progressão de articulações. A plasticidade pode estar relacionada com práticas de força-deformação (axial e cisalhamento) ou rotação de momento (torção e deflexão). As articulações podem ser definidas (desacopladas) para qualquer um dos seis graus de liberdade. O comportamento pós-esforço é representado pela relação geral que aparece de um lado. A modelação do infortúnio da resistência é desanimada, para aliviar a redistribuição da carga (que pode provocar uma rutura dinâmica) e para garantir a interligação numérica.

Consequentemente, o ETABS limita a inclinação negativa a 10% da rigidez flexível, no entanto, estão disponíveis opções de substituição. Para fins didácticos, podem ser indicados estados limite adicionais (IO, LS, CP) que são tidos em conta na investigação, mas não influenciam os resultados. A descarga com o objetivo de deformação plástica segue o declive da rigidez inicial.

Tanto os pivôs P-M2-M3 como os pivôs de fibra são acessíveis para capturar o comportamento de torção axial e biaxial acoplado. A articulação P-M2-M3 é mais apropriada para pushover estático não linear, embora a articulação de fibra seja melhor para elementos histeréticos.

Plano

Depois de selecionar os componentes da estrutura como 1st , selecionar as vigas de toda a estrutura e definir as propriedades de articulação para este estudo, a localização da articulação não linear é dada a 90% do comprimento dessa viga ou coluna. Se houver uma parede na estrutura, é utilizada a propriedade de articulação da parede. Existem diferentes métodos para definir as propriedades de articulação não linear 1. Utilizando a propriedade de articulação automática

2. Dobradiça definida pelo utilizador
3. Dobradiça produzida pelo software

Todos estes métodos são descritos no capítulo de demonstração do projeto

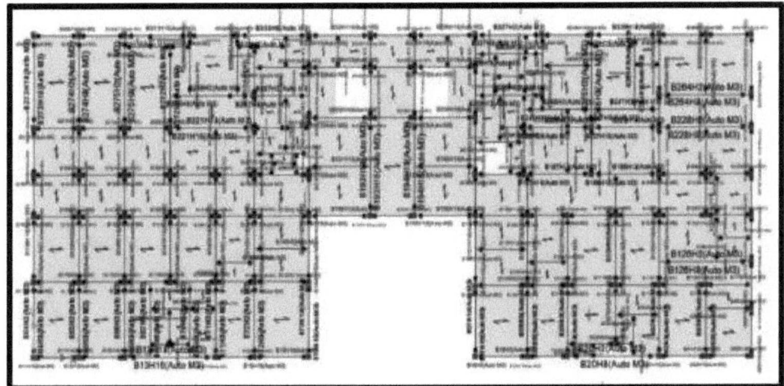

Figura 3.21: Plano do modelo após a estrutura de aplicação da dobradiça

Elevação

Para obter uma melhor discretização das dobradiças não lineares, aplicam-se sobrescritos nas dobradiças para este estudo. Antes de aplicar os sobrescritos nas dobradiças, são selecionados todos os elementos de enquadramento

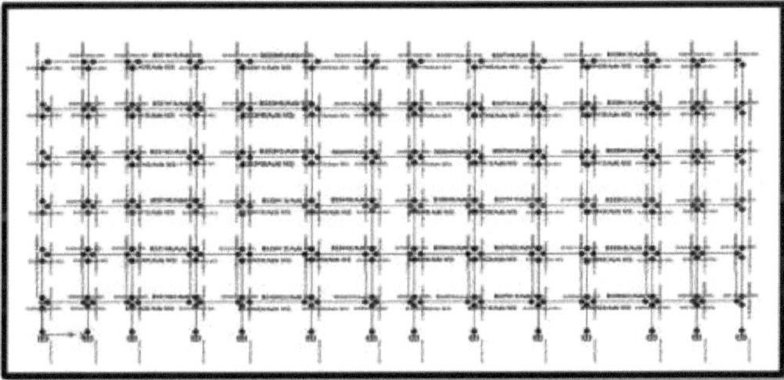

Figura 3.22: Elevação do modelo após a aplicação da dobradiça à estrutura

CAPÍTULO 4

4. Abordagem e pormenores da conceção

4.1 Abordagem do projeto / Material e métodos

Todo o estudo se baseia na análise de 12 modelos de estruturas pré-fabricadas, nos quais são utilizadas a análise estática linear, a análise dinâmica e a análise estática não linear para resolver o problema e tornar a estrutura altamente sustentável durante as forças sísmicas elevadas. Neste capítulo, é fornecida uma breve informação sobre as propriedades dos materiais, as cargas aplicadas à estrutura, os diferentes padrões de carga, os casos de carga e as diferentes combinações de carga utilizadas no projeto e na análise do modelo de estrutura pré-fabricada. Os seguintes métodos são considerados para a análise da estrutura

1. Análise Estática Linear (ESM)
2. Análise Dinâmica (RSA)
3. Análise estática não linear (Pushover).

Porque é que o software Etabs é utilizado?

1. mostra uma perspetiva 3D do modelo, planta, altura, melhoria da elevação e uma vista personalizada caracterizada pelo cliente.
2. Dá uma contribuição realista de áreas transversais de qualquer geometria e material (Section Designer).
3. Pode reordenar a geometria de um modelo de e para folhas de cálculo.
4. Além disso, existe um número interminável de estruturas num modelo. Estas podem ser orientadas para qualquer caminho ou colocadas em qualquer ponto de partida dentro do modelo.
5. As respostas para algumas questões complexas, por exemplo, as deformações da zona do painel, as tensões de corte do diafragma e o carregamento da sequência de construção estão atualmente acessíveis através da programação ETABS.
6. Estão disponíveis relatórios exaustivos para todos os rendimentos de exame e configuração que podem ser modificados de acordo com as necessidades. Desenhos esquemáticos de desenvolvimento de planos circundantes, planos, enumerações minuciosas e segmentos cruzados podem ser criados tanto para estruturas de cimento como de aço.
7. O Etabs inclui várias análises de vibração, como o espetro de resposta e o histórico de tempo.
8. Devido à carga automatizada, a aplicação das combinações de carga utiliza normas e códigos diferentes
9. A análise Pushover é apresentada no Etabs com a implementação do ATC40 e do FEMA 356 para modelar as articulações e gerar a relação força-deslocamento

4.1.1 Propriedades dos materiais

Para todos os pilares é utilizado betão de grau M50 e para todas as vigas é utilizado betão de grau M40, enquanto que para a secção de laje é utilizado betão de grau M40. Para as barras longitudinais das vigas e dos pilares é utilizado aço de grau Fe 500 e para as barras de confinamento (estribos) é utilizado aço de grau Fe 415. Todas as propriedades dos materiais são dadas de acordo com a norma IS 456-2000. Para definir as propriedades dos materiais no ETABS, em primeiro lugar, é necessário selecionar o código e, em seguida, clicar na opção "definir propriedades dos materiais", após o que esta janela será apresentada no ecrã. Depois disso, é necessário definir as propriedades do betão, do aço e dos varões. Estas propriedades definidas podem ser atribuídas às secções utilizadas no modelo da estrutura.

4.1.2 Cargas consideradas para a análise

Ao exercermos as cargas no edifício, consideramos apenas as cargas externas, como a carga do pavimento, dos ladrilhos e dos acabamentos, que são realmente seguidas pelos componentes, ignorando o seu peso próprio, porque o ETABS 2018 considera automaticamente o peso próprio dos componentes.

Cargas exercidas sobre a laje:

Tabela 4.1: cargas na laje

Descrição	Carga morta superimposta $(kN/m)^2$	Carga viva $(kN/m)^2$
Átrio/passagem	0.86	4
Laje de pavimento	0.64	2.5
Laje de WC	2.33	2
Sala forte	0.64	5
Laje de cobertura	3	1.5

Para paredes exteriores, a carga morta sobreposta é de 12,93 kN/m^2 e para paredes interiores é de 5,79 kN/m^2

Para carga de vento

- A velocidade básica do vento (v_b) é de 50 m/s
- Fator de coeficiente de risco k_i=1,08 (vida útil de projeto para 50 anos) Quadro 1 CL6.3.1 IS:875(parte 3)-2015
- Fator de terreno e altura k2 =1,12 (Categoria de terreno 1 alturat <10m Tabela 2 CL6.3.2.2)
- Fator de topografia k_s= 1 (declive a favor do vento 0 Cl.6.3.3 Mapa de curvas de nível)
- Fator de importância para a região ciclónica k_4=1,3 (região ciclónica Cl.6.3.3.1)
- Fator direcional do vento k_d = 0,9 (edifício retangular)
- Fator médio da área k_a =

i. Área afluente do muro curto =531 m^2 k_a =0,8

ii. Área tributária do muro longo =1307,25 m^2 k_a =0,8

iii. Área tributária do telhado=1371 ,16 m^2 k_a =0,8

- Pressão do vento de projeto

i. Velocidade do vento de projeto v_z = vb*k1 *k2 *k3 *k4 =78,624 m/s

ii. Pressão do vento $p_z = 0,6(v_z)^2$ =3709,04 N/m^2

iii. Pressão do vento de projeto pd = $v_z * k_a * k_d$ = 2670,51 N/m^2

As forças sísmicas EQX e EQY são fornecidas no ETABS selecionando a norma IS 1893:2016

e para a carga de vento é considerada a norma IS 875:2015 (PART-3).

4.1.3 Padrões de carga

Como mencionado acima, todas as cargas são obtidas com a ajuda das normas e códigos, como para as forças sísmicas IS 1893:2016, e são selecionadas no software ETABS na opção de padrão de carga.

Tabela 4.2: Padrões de carga

Carga	Tipo	Multiplicador de peso próprio	Carga lateral automática
Carga morta	Morto	1	-
Carga viva	Redutível em direto	0	-
SIDL	Super morto	0	-
EQX	Sísmica	0	IS 1893:2016

EQY	Sísmica	0	IS 1893:2016
WX	Vento	0	IS 875:2015
WY	Vento	0	IS 875: 2015

Multiplicador de massa para padrões de carga

Quadro 4.3 Dados da fonte de massa

Padrões de carga	Multiplicador
Morto	1
Em direto	0.5
SIDL	1

Para os dados da fonte de massa, são selecionados padrões de carga específicos para a análise e a opção de massa inclui a massa lateral, a massa vertical e a massa total nos níveis do piso

4.1.4 Combinações de carga

As combinações de carga são adoptadas de acordo com as normas IS 456:2000 e IS 1893:2016. As seguintes combinações de carga são utilizadas para a análise da estrutura.

Tabela 4.4 combinações de carga

0,9D-1,5EX	0,9D-1,5WX
0,9D-1,5EY	0,9D-1,5WY
0,9D-1,5SQX	0,9D+1,5EX
0,9D-1,5SQ	0,9D+1,5EY
0,9D+1,5SQX	1.2D+1.2L-1.2EX
0,9D+1,5SQY	1.2D+1.2L-1.2EY
0,9D+1,5WX	1.2D+1.2L-1.2SQX
0,9D+1,5WY	1.2D+1.2L-1.2SQY
1.2D+1.2L-1.2WX	1.2D+1.2L-1.2WY
1.2D+1.2L+1.2EX	1.2D+1.2L-1.2EY
1.2D+1.2L+1.2SQX	1.2D+1.2L+1.2SQY
1.2D+1.2L+1.2WX	1.2D+1.2L+1.2WY
1.5D-1.5EX	1.5D-1.5EY
1.5D-1.5SQX	1.5D-1.5SQY
1.5D-1.5WX	1.5D-1.5WY
1.5D-1.5L	1.5D+1.5EX
1.5D+1.5EY	1.5D+1.5SQX
1.5D+1.5SQY	1,5D+1,5WX
1.5D+1.5WY	

4.1.5 Casos de carga

Os casos de carga são definidos de acordo com a análise, se tivermos de efetuar uma análise estática linear, temos de definir apenas casos de carga estática como D.L, L.L, etc. Se tivermos de efetuar casos de carga dinâmicos, temos de criar casos de carga dinâmicos como, no nosso estudo, SQX e SQY. Para a análise pushover, são definidos os casos PQX e PQY.

Quadro 4.5: casos de carga

Nome do caso de carga	Tipo de caixa de carga
Morto	Estática linear
Em direto	Estática linear
SIDL	Estática linear
EQX	Estática linear
EQY	Estática linear
SQX	Espectro de resposta
SQY	Espectro de resposta
WX	Estática linear
WY	Estática linear

PQX	Estática não linear
PQY	Estática não linear

4.1.6 Funções para RSA (Análise do espetro de resposta)

Para o RSA, a primeira função é definida no ETABS selecionando a opção de função e, em seguida, fornecendo a função de espetro de resposta IS 1893:2016. Com o fornecimento do fator de zona de código, o tipo de solo e o rácio de amortecimento também são fornecidos nesta opção.

Quadro 4.6: dados de funções para a RSA

Carga caso	Período (Seg)	Rácio de amortecimento	Aceleração mm/seg.^{2}	Zona fator	Tipo de solo
SQX	2.315	0.05	442.78	0.36	II
SQX	1.984	0.05	513.44	0.36	II
SQX	1.804	0.05	562.21	0.36	II
SQX	0.689	0.05	1533.38	0.36	II
SQX	0.663	0.05	1594.98	0.36	II
SQX	0.611	0.05	1719.35	0.36	II
SQX	0.586	0.05	1779.45	0.36	II
SQX	0.381	0.05	1864.91	0.36	II
SQX	0.34	0.05	1864.92	0.36	II
SQX	0.314	0.05	1864.92	0.36	II
SQX	0.31	0.05	1864.92	0.36	II
SQX	0.305	0.05	1864.92	0.36	II
SQY	2.315	0.05	570.05	0.36	II
SQY	1.984	0.05	661.02	0.36	II
SQY	1.804	0.05	723.81	0.36	II
SQY	0.689	0.05	1974.13	0.36	II
SQY	0.663	0.05	2053.45	0.36	II
SQY	0.611	0.05	2213.57	0.36	II
SQY	0.586	0.05	2290.94	0.36	II
SQY	0.381	0.05	2400.96	0.36	II
SQY	0.34	0.05	2400.96	0.36	II
SQY	0.314	0.05	2400.96	0.36	II
SQY	0.31	0.05	2400.96	0.36	II
SQY	0.305	0.05	2400.96	0.36	II

4.1.7 Análise Estática Equivalente (ESM)

O movimento de abalos sísmicos provoca a vibração da estrutura, o que leva a cargas de inércia. Deste modo, uma estrutura deve ter a possibilidade de transmitir com segurança as cargas de inércia horizontais e verticais produzidas na superestrutura através da subestrutura até ao solo. A partir de agora, para uma grande parte das estruturas padrão, o projeto seguro contra tremores requer a garantia de que a estrutura tem um limite de transporte de carga horizontal suficiente. Este método é também conhecido como análise estática linear, na qual apenas são consideradas as cargas estáticas.

Os códigos sísmicos permitirão ao projetista conceber com segurança a estrutura para o fim previsto. Os códigos sísmicos são extraordinários para uma área ou nação específica. Na Índia, a norma IS 1893 é o código fundamental que dá orientações para o cálculo das forças sísmicas de projeto. Esta carga depende da massa e do coeficiente sísmico da estrutura e depende de propriedades como a zona sísmica em que a estrutura se encontra, a importância da estrutura, a sua rigidez, o solo em que assenta e a sua ductilidade.

A Parte I da IS 1893:2016 gere a avaliação das cargas sísmicas em diferentes estruturas e, estruturas. Todo o código se concentra na estimativa do cisalhamento de base e seu transporte sobre a altura. Dependendo da estatura da estrutura e da zona em que se insere, é efectuado um tipo de investigação, ou seja, uma análise estática ou uma análise dinâmica. O período natural da estrutura é determinado pela articulação "t" dada na norma IS 1893:2016, onde "h" é a estatura da estrutura e "d" é a dimensão de base da estrutura, o pensamento sobre a forma de vibração. Os períodos de tempo naturais para todos os modelos neste método são equivalentes a contagem de cargas laterais e a sua disseminação em torno da estatura são feitas de acordo com o código IS o peso sísmico é determinado utilizando carga morta completa + metade da carga viva.

4.1.8 Análise do espetro de resposta (RSA)

O espetro de resposta foi criado por M. A. Biot em 1932 d.C. para descrever o movimento do solo e o seu impacto na estrutura. É um gráfico da maior reação (por exemplo, deslocamento máximo, velocidade máxima, aceleração máxima crescente) a uma função de carga predefinida para todas as estruturas concebíveis de um grau de liberdade. A abcissa (eixo X) do intervalo é a frequência natural caraterística (ou período de tempo) da estrutura e a ordenada (pivô Y), a resposta mais extrema. Os espectros de resposta são curvas traçadas entre a reação mais extrema de uma estrutura de um grau de liberdade exposta ao movimento sísmico indicado e o seu período de tempo (ou frequência). Posteriormente, a gama de reacções é composta por alguns gráficos para várias qualidades de para cobrir o âmbito das estimativas de amortecimento experimentadas em estruturas reais.

Normalmente, a resposta de uma estrutura de um grau de liberdade é ditada pela análise do período de tempo ou da frequência e, para um determinado período de tempo da estrutura, é selecionada a resposta mais elevada. Este procedimento é efectuado para todos os períodos de tempo concebíveis de uma estrutura de um grau de liberdade. O último gráfico com o período de tempo da estrutura no eixo x e a quantidade de resposta no eixo y é o espetro de resposta necessário relacionado com a proporção de amortecimento indicada e o movimento do solo de entrada. O mesmo procedimento é completado com várias proporções de amortecimento para obter, em geral, espectros de reação. Uma variedade de espectros de resposta pode ser caracterizada com base na quantidade de resposta que é traçada. Determinação do espetro de resposta a sismos. A determinação do espetro de resposta sísmica do movimento do sistema SDOF sujeito ao movimento do solo é dada por,

$$\therefore y(t) = \chi o^2(2\lambda_i^2 - 1)\left[\int_0^t y_g(\tau).e^{-\lambda_i \chi o(t-r)}.\sin \chi o(t-r).d\tau\right] - 2\lambda_i \chi o\left[\int_0^t y_g(\tau).e^{-\lambda_i \chi o(t-r)}.\cos \chi o(t-r).d\tau\right]$$

4.1.9 Análise Pushover

Existem duas técnicas de investigação estática não linear disponíveis, uma designada por Método do Coeficiente de Deslocamento (DCM), relatada na FEMA-356 e outra por Método do Espectro de Capacidade (CSM) arquivada na ATC-4o. As duas estratégias baseiam-se na variedade de forças horizontais - distorção obtida por investigação estática não linear sob a carga gravitacional e carga horizontal admirada devido à atividade sísmica. Este exame é designado por análise Pushover.

a. Método do coeficiente de deslocamento para a análise Pushover

O método do coeficiente de deslocamento é uma estratégia de exame estático não linear que fornece um procedimento numérico para avaliar a estipulação de deslocamento na estrutura, utilizando um retrato bilinear da curva de capacidade e uma progressão de elementos de ajuste ou coeficientes para calcular um deslocamento objetivo. O ponto da curva de capacidade no deslocamento objetivo é o que pode ser comparado com o ponto de desempenho na estratégia do espetro de capacidade.

b. Técnica do espetro de capacidade para estruturas.

Uma abordagem estática não linear que produz uma representação gráfica do desempenho sísmico antecipado da estrutura através da convergência da curva de capacidade da estrutura com uma representação do espetro de resposta da solicitação de deslocamento do tremor na estrutura, o ponto de cruzamento é chamado de ponto de desempenho da estrutura e a coordenada de deslocamento do ponto de desempenho de exposição é a demanda de deslocamento avaliada na estrutura para o nível predefinido de perigo.

4.1.9.1 Nível de desempenho do edifício.

O desempenho de um edifício é o desempenho consolidado dos segmentos estruturais e não estruturais da estrutura. São utilizados níveis de execução distintos para representar o desempenho da estrutura utilizando as investigações pushover.

1. Ponto de desempenho da estrutura

É onde o espetro da capacidade se cruza com o espetro da procura adequada. Para obter o desempenho ideal da estrutura, esta deve ser projectada tendo em conta estes objectivos de forças.

2. Nível operacional da estrutura (PO)

De acordo com este nível de desempenho, a estrutura é fiável para não causar danos permanentes. A estrutura possui uma resistência e rigidez únicas. As paredes e coberturas de segmentos, tal como os componentes estruturais, apresentam rupturas significativas.

3. Nível de ocupação imediata da estrutura (IO)

As estruturas que satisfazem este nível de desempenho são consideradas como não tendo qualquer desvio e a estrutura mantém a qualidade da resistência e a rigidez. São verificadas pequenas fissuras nas divisórias e nos componentes estruturais. Os elevadores podem ser reiniciados. Podemos utilizar o sistema de proteção contra incêndios após esta fase.

4. Nível de segurança da estrutura (LS)

Este nível é demonstrado quando alguma resistência e rigidez residual é deixada acessível na estrutura. Os componentes de suporte da carga gravitacional funcionam, não se observa desapontamento fora do plano das divisórias e tropeço do parapeito. Pode ser observada alguma deriva com alguma incapacidade nas paredes divisórias e a estrutura já ultrapassou a correção prudente. Entre os componentes não estruturais, o risco de falha atenua-se, no entanto, numerosas estruturas arquitectónicas e mecânicas são danificadas.

5. Prevenção de colapso Nível de estrutura (CP)

As estruturas que satisfazem este nível de desempenho são consideradas como tendo uma resistência e uma rigidez residuais mínimas, embora a capacidade dos componentes estruturais de suporte de carga, por exemplo, paredes de suporte de carga e secções de pilares. O edifício é considerado capaz de suportar grandes derrocadas permanentes, falhas de paredes de enchimento e parapeitos e danos generalizados em componentes não estruturais. A este nível, a estrutura permanece no nível de colapso.

4.1.9.2 Capacidade da estrutura

Caracteriza-se como a resistência última prevista (em flexão, cisalhamento e axial) dos segmentos estruturais, excluindo os factores de diminuição geralmente utilizados no dimensionamento de indivíduos de betão. A capacidade alude maioritariamente à resistência no limite de elasticidade da curva de capacidade do componente ou da estrutura. Para componentes com deformação controlada, a capacidade para além do limite elástico incorpora o impacto da solidificação da deformação.

1. Curva de capacidade da estrutura

O gráfico entre o corte de base e o deslocamento da cobertura é designado por curva limite (capacidade). Da mesma forma, referenciado como curva pushover.

2. Espectro de capacidade para estrutura

A curva de capacidade alterada de cisalhamento de base v/s relocação (deslocamento) do telhado (V v/s d) para o espetro de acc^{n} v/s deslocamento espetral (Sa v/s Sd) é aludida como espetro de capacidade (gama).

3. Técnica do espetro de capacidade para a estrutura

Uma abordagem estática não linear que produz uma representação gráfica do desempenho sísmico antecipado da estrutura através da convergência da curva de capacidade da estrutura com uma representação do espetro de resposta da solicitação de deslocamento do tremor na estrutura, o ponto de cruzamento é chamado de ponto de desempenho da estrutura e a coordenada de deslocamento do ponto de desempenho de exposição é a demanda de deslocamento avaliada na estrutura para o nível predefinido de perigo.

4.1.9.3 Procura

A solicitação é definida por uma avaliação da deslocação ou da desfiguração que a estrutura é suscetível de sofrer. Isto é o oposto dos métodos de exame elásticos lineares comuns, nos quais a solicitação é dada pela carga horizontal endossada aplicada à estrutura.

Espectro de procura para a estrutura

Trata-se de um gráfico entre a média espetral^{n} e o período de tempo. Apresenta o movimento do solo do abalo sísmico na estratégia do espetro de capacidade.

4.1.9.4 Desenvolvimento da dobradiça de plástico na estrutura

A zona de atividade inelástica do componente estrutural é designada por charneira plástica. Os maiores momentos gerados devido ao abalo sísmico ocorrem perto das partes das vigas e dos pilares, as charneiras plásticas vão provavelmente desenvolver-se aí e a maioria dos pré-requisitos de ductilidade aplicam-se ao segmento perto da intersecção.

4.2 Normas e códigos

IS 875 (Partes 1, 2, 3 e 5): Código de Prática para Cargas de Projeto (Exceto Terramotos) para Edifícios e Estruturas.

- Parte 1: Cargas mortas - Pesos unitários de materiais de construção e materiais armazenados (Segunda revisão)
- Parte 2: Cargas impostas (Segunda revisão) pelo Bureau of Indian Standards (BIS)
- Parte 3: Cargas de vento (Segunda revisão)
- Parte 5: Cargas especiais e combinações de cargas (Segunda revisão).

IS 1893:2016: Critérios para a conceção de estruturas resistentes a sismos, Parte 1: Disposições gerais e edifícios (sexta revisão).

IS 4326-2013: Projeto e construção de edifícios resistentes a sismos - Código de práticas (Segunda revisão).

IS 13920-2016: Código de práticas para a pormenorização dúctil de estruturas de betão armado sujeitas a forças sísmicas.

IS 456:2000: Betão simples e armado - Código de práticas.

SP 16: Auxílios ao projeto de betão armado segundo a norma IS 456.

IBC-2006: Código Internacional de Construção, edição de 2006, publicado pelo International Code

Council, INC.

ACI 318-14: Requisitos do código de construção para betão estrutural e comentários.

Normas para a análise pushover

A Agência Federal de Gestão de Emergências (FEMA) e o Conselho Técnico Aplicado (ATC) são as duas organizações que figuraram e recomendaram a Análise Estática Não Linear ou Análise Pushover no âmbito de projectos e regras de reabilitação sísmica. Isto inclui os arquivos FEMA-356, FEMA-273 e ATC- 40.

Detalhes do ATC-40

A avaliação sísmica e a reabilitação de estruturas de betão, normalmente designada por ATC-40, foi criada pelo Applied Technology Council (ATC) com o apoio da California Safety Commission. Apesar de os sistemas sugeridos neste registo se destinarem a estruturas de betão, são adequados à maioria dos tipos de estruturas.

Detalhes de FEMA-356

O principal papel do arquivo FEMA-356 é fornecer regras sólidas e amplamente adequadas para a restauração sísmica de estruturas. As regras para a restauração sísmica das estruturas são propostas para preencher como um instrumento preparado para o projeto competente para fazer a estrutura e análise das estruturas, um arquivo de referência para as autoridades administrativas da estrutura e um estabelecimento para o desenvolvimento futuro de eventos e uso dos arranjos e medidas de regulamentação da construção.

CAPÍTULO 5

5. Calendário, tarefas e marcos

Os prazos ou marcos importantes para o projeto de tese são apresentados na tabela 5.1, que mostra o calendário planeado (antes do início do projeto), enquanto que os eventos e/ou marcos importantes ocorreram ao longo do projeto na tabela 5.1

Quadro 5.1 Calendário previsto das etapas

Tarefas	Mês								
	AUG	SETEMBRO	PTU	NOV	DEC	JAN	FEB	MAR	APR
Seleção do tema e pesquisa bibliográfica	■	■							
Seleção do plano e criação de modelos de acordo com as disposições do código Diff IS		■	■						
Estudo de amortecedores e criação de modelos com amortecedores			■	■					
Análise estática e análise dinâmica (RSA) de estruturas pré-fabricadas				■	■				
Análise pushover estática não linear de estruturas pré-fabricadas					■	■			
Resultados e comparação de resultados						■	■		
Redação de artigos e apresentação em conferências							■	■	
Redação de teses								■	■

Quadro 5.2: Cronograma efetivo das tarefas importantes realizadas

Tarefas importantes	**Datas reais**
Todas as análises e comparações de resultados	22 de fevereiro
Apresentação de um trabalho para a conferência	8 de março
Aceitação do papel	15 de março
Apresentação do projeto de tese	17 de maio

CAPÍTULO 6

6. Demonstração do projeto

6.1 Geral

A análise é efectuada em 12 tipos únicos de modelos com e sem amortecedores. Os resultados obtidos a partir do exame são considerados em função do objetivo da exploração. Após a obtenção dos resultados, estes são comparados e a conclusão é definida a partir daí. A análise estática equivalente, o espetro de resposta e a análise pushover estática não linear são utilizados para o exame da estrutura, a partir do qual é dada a viabilidade dos resultados nestes modelos.

6.2 Métodos adoptados para a análise da estrutura.

A análise estática equivalente, o espetro de resposta e a análise pushover estática não linear são utilizados para o exame da estrutura, os resultados são determinados após o início do exame. Nesta altura, estes métodos são pensados em termos de resultados.

6.2.1 Procedimento passo a passo da análise estática equivalente

Apenas os casos estáticos lineares são mantidos para a análise, o que significa que os casos D.L e L.L. são analisados.

1. Criar modelo para a análise

- Definição das propriedades dos materiais
- Definição das propriedades da secção
- Dar todos os SIDL e L.L em elementos estruturais

2. Definição de padrões de carga

Clique na barra de menu superior e selecione Definir padrões de carga, ou seja, cargas estáticas lineares

3. definir a combinação de cargas selecionando a opção de combinação de cargas
4. Definição de casos de carga para análise

Clique na barra de menu superior e selecione a opção Definir e, em seguida, selecione os casos de carga e crie casos de carga de acordo com os requisitos.

5. Análise de execução
6. Verificar resultados.

6.2.2 Procedimento passo a passo da RSA (análise do espetro de resposta)

1. Criar modelo para a análise

- Definição das propriedades dos materiais
- Definição das propriedades da secção
- Dar todos os SIDL e L.L em elementos estruturais
- Definição da função do espetro de resposta

Clicar na barra de menu superior e selecionar Definir. Em seguida, clicar na função e selecionar a função de espetro de resposta. Antes de definir a função, é necessário introduzir o código IS nessa janela e, em seguida, introduzir todos os dados.

2. Definir fonte de massa

Para definir a fonte de massa, clique na barra de menu superior e selecione definir; em seguida, selecione a fonte de massa e atribua os respectivos multiplicadores às cargas

3. Definição de padrões de carga

Em primeiro lugar, clique na barra de menu superior e selecione a opção Definir e, em seguida, clique em padrões de carga, depois de definir os padrões de carga estáticos e dinâmicos e introduzir os dados para as cargas, ou seja, IS 1893:2016

4. Definição de casos de carga

Primeiro, clique na barra de menu superior e selecione a opção Definir, depois selecione os casos de carga e, em seguida, defina os casos de carga dinâmicos, ou seja, o tipo de caso de carga é o espetro de resposta. Adicione casos para ambos os casos na direção X e na direção Y e verifique o fator de escala e o amortecimento.

4. Análise de execução

5. Verificar a análise através do estudo de diferentes parâmetros como o deslocamento do piso, a deriva do piso e o corte do piso.

6.2.3 Procedimento passo a passo da análise estática não linear (pushover)

1. Criar o modelo computacional

• Criar o modelo computacional, sem informação pushover, utilizando os procedimentos de modelação habituais.

• Definir propriedades para a utilização da dobradiça pushover. A informação detalhada sobre a dobradiça é dada em 6.2.4

• Atribuir a articulação pushover aos objectos de contorno escolhidos utilizando, Atribuir articulações de pórtico Selecionar Definir padrões de carga para caraterizar os desenhos de carga que conterão as cargas aplicadas durante a investigação pushover.

2. Caracterizar um caso de carga estática não linear

• Selecione a opção Definir depois de selecionar Caso de carga e, em seguida, Adicionar novo caso de carga para caraterizar um caso de carga estática não linear que aplicará a conceção de carga já caracterizada. Este caso de carga pode ser controlado por força (empurrado para um nível de potência predefinido) ou controlado por deslocamento (empurrado para um deslocamento predeterminado).

• Selecionar a vista Outros parâmetros Resultados guardados em vários estados com o objetivo final de representar diferentes parâmetros para cada adição de carga aplicada

3. Análise de execução

4. verificar resultados

Para representar o corte de base versus o deslocamento monitorizado, selecione Mostrar > Mostrar curva Pushover estática. Estão também disponíveis factores adicionais para a representação gráfica.

Para traçar a distorção da dobradiça em função da carga aplicada, selecione Mostrar resultados da dobradiça. O segundo como um elemento de rotação plástica é uma dessas alternativas.

• Para ver o deslocamento e o agrupamento passo a passo da disposição das dobradiças, selecione a opção Mostrar e depois Mostrar forma deformada.

• Para auditar as potências parciais numa premissa pouco a pouco,
selecionar Display depois Show Forces/Stresses selecionar Frames/Cables para visualizar.

- Selecione Mostrar após Mostrar funções de plotagem para plotar a resposta em cada progressão da investigação pushover, incluindo o deslocamento da junta, as forças dos componentes do pórtico, etc.

Para este estudo, é utilizado o método de deslocamento controlado. No método convencional, o deslocamento monitorizado para realizar a análise pushover é mantido como um valor arbitrário como 4% da altura do edifício. Este valor é dado pelas diretrizes ATC-40.

6.2.4 Informações pormenorizadas sobre a dobradiça

Dobradiças não lineares para caixilharia

As propriedades das dobradiças são utilizadas para caraterizar o comportamento não linear de força-deslocamento ou momento-rotação que pode ser definido para áreas discretas ao longo do comprimento de objectos de estrutura (linha) ou para a altura média de objectos de parede. Estes pivôs não lineares são utilizados durante o exame estático não linear, o exame rápido não linear (FNA) do histórico de tempo modular e o exame não linear do histórico de tempo de união direta. Para todos os outros tipos de investigação, as articulações são inflexíveis (rígidas) e não têm impacto no comportamento do componente. A quantidade de articulações influencia o tempo de cálculo, mas também a simplicidade com que o comportamento do modelo e os resultados podem ser decifrados. Consequentemente, sugere-se firmemente que as articulações sejam colocadas apenas em áreas onde a ocorrência de comportamento não linear é excecionalmente provável.

Utilizando a propriedade de dobradiça automática

As propriedades de articulação automática são caracterizadas pelo programa. O programa não pode caraterizar completamente as propriedades automáticas até que o segmento ao qual se aplicam tenha sido reconhecido. Neste sentido, a propriedade auto é atribuída a um objeto de estrutura ou parede, e a propriedade de dobradiça subsequente poderá então ser analisada.

Dobradiça definida pelo utilizador

Todas as propriedades da dobradiça podem ser definidas pelo utilizador e utilizadas no ETABS.

Dobradiças produzidas pelo software

As propriedades de dobradiça criadas são utilizadas no exame. Elas podem ser vistas, mas não podem ser alteradas. As propriedades das dobradiças criadas têm uma designação programada de LabelH#, em que Label é a marca do objeto da moldura ou da parede, H representa a dobradiça e # apresenta o número da dobradiça. O programa começa com a dobradiça número 1 e adiciona o número da dobradiça em um para cada dobradiça aplicada ao objeto de moldura ou parede. Por exemplo, se uma marca de objeto de aresta for C4, o nome de propriedade de dobradiça criado para a dobradiça subsequente aplicada ao objeto de aresta é C4H2.

A principal explicação por detrás da separação entre propriedades caracterizadas (nesta situação única, caracterizadas implica tanto a caraterização automática como a caracterizada pelo utilizador) e propriedades criadas é que normalmente as propriedades de pivot são subordinadas à área. Assim, é importante caraterizar um arranjo alternativo de propriedades de articulação para cada tipo de segmento de aresta ou divisória no modelo. Isto pode implicar a necessidade de caraterizar um número enorme de propriedades de articulação. Para reorganizar este procedimento, a ideia de propriedades produzidas é utilizada no ETABS. Quando são utilizadas propriedades criadas, o programa consolida as suas medidas implícitas com as propriedades de área caracterizadas para cada item para produzir as últimas propriedades da dobradiça. O impacto líquido disto é a redução do trabalho de caraterização das propriedades da dobradiça, uma vez que não é necessário caraterizar cada dobradiça.

As propriedades de articulação automáticas definidas pelo utilizador e as propriedades de articulação caracterizadas pelo utilizador para um objeto de quadro ou parede. O programa, nessa altura, cria naturalmente outra propriedade de dobradiça para cada dobradiça relegada.

procedimento de dobradiça definida pelo utilizador

1. clique no menu Definir > Propriedades da secção > Articulação não linear de

pórtico/parede para aceder à estrutura Definir propriedades de articulação de pórtico/parede.
2. Parâmetros de seleção ou de informação para as áreas de acompanhamento.
- Zona de propriedades definidas do Hinge. Um resumo das propriedades da dobradiça, incluindo quaisquer propriedades da dobradiça caracterizadas recentemente pelo cliente ou pelo automóvel, é mostrado nesta zona. Marque a caixa de seleção Show Generated Props para incorporar as propriedades de dobradiças criadas.
propriedades das charneiras nesta lista de apresentação. Marque a caixa de verificação Mostrar detalhes da dobradiça para mostrar dados adicionais sobre os pivôs na lista (ver Mostrar detalhes da dobradiça abaixo)
- Clique neste botão e a estrutura Default for Added Hinges será exibida. Utilize essa estrutura para indicar o tipo de definições de dobradiças padrão a serem utilizadas como premissa para incluir outra definição de dobradiça. Depois de escolher Steel, Concrete ou User Defined, a estrutura Hinge Property Data será mostrada. Utilize essa estrutura para finalizar o significado de outra propriedade de dobradiça.
- Botão Incluir cópia da propriedade.
1. Apresente o nome de uma propriedade de dobradiça na caixa de listagem Props de dobradiça definidos. Note que as propriedades produzidas não podem ser duplicadas.
2. clique no botão Adicionar cópia da propriedade para mostrar a estrutura de dados da propriedade da dobradiça pré-empilhada com as opções de definição da propriedade da dobradiça escolhida.
3. Utilizar essa estrutura para incluir outra definição com base na definição que escolheram.
- Botão Modificar/Mostrar Propriedade.
1. Apresente o nome de uma propriedade de dobradiça na caixa de listagem Props de dobradiça definidos. Note que as propriedades produzidas não podem ser duplicadas.
2. clique no botão Adicionar cópia da propriedade para mostrar a estrutura de dados da propriedade da dobradiça pré-empilhada com as opções de definição da propriedade da dobradiça escolhida.
3. Utilize essa estrutura para incluir outra definição com base na definição escolhida.
O botão de propriedade ficará cinzento e inativo. Uma propriedade de pivô não pode ser apagada até que tenha sido expulsa de todos os artigos. Para eliminar um pivot, selecione o(s) objeto(s) e apague a tarefa.
como a caixa de verificação Detalhes da dobradiça. Quando esta caixa de verificação é assinalada, a região Defined Hinge Props transforma-se numa região do tipo folha de cálculo com as secções que a acompanham:
- Nome. O ID nomeado para a dobradiça é mostrado neste segmento.
- Tipo. O tipo de articulação (por exemplo, Axial P, Cisalhamento V, Momento M, etc.) é apresentado nesta secção.
- Comportamento. Este segmento distingue se a dobradiça é de torção ou de controlo de potência.
- Criada. Na eventualidade de ser apresentado Sim, a dobradiça é uma dobradiça criada. Na hipótese remota de que Não seja mostrado, o pivô é caracterizado pelo cliente ou automático.
- De. Na eventualidade de a dobradiça ser uma dobradiça criada (i.e., yes aparece no segmento Generated), esta secção mostra o ID da dobradiça em que se baseia a dobradiça produzida. Na eventualidade de a definição da dobradiça ser caracterizada por um programa, esta secção apresenta o auto. Na eventualidade de aparecer N.A. neste segmento, o pivot é uma dobradiça caracterizada pelo cliente que depende inteiramente da informação do cliente.

• Para efetuar alterações a qualquer um destes elementos, comece por apresentar a coluna de informação a alterar. Nessa altura, clique no botão Modificar/Mostrar Propriedade para mostrar a estrutura de Dados de Propriedade da Dobradiça e efetuar as alterações importantes. Note que as propriedades criadas não podem ser alteradas.

• Caixa de seleção Mostrar prumos gerados. Naturalmente, as propriedades de charneira que o programa cria em cada área de pivot não são registadas na zona de Propriedades de charneira definidas da estrutura Definir propriedades de charneira de pórtico/parede. Marquc a caixa de seleção Mostrar propriedades geradas, e o ETABS mostrará essas propriedades no território {Defined, all} Hinge Props juntamente com quaisquer propriedades de pivotamento automático que tenham sido atribuídas ao modelo.

- Botão Converter Auto para adereço do utilizador. Este botão aparece na estrutura quando uma propriedade Auto pivot foi distribuída a um objeto(s) de revestimento ou divisor no modelo e a caixa de verificação Mostrar adereços gerados está marcada. No momento em que se clica nesta opção, o programa muda a propriedade Auto pivot para uma propriedade Hinge caracterizada pelo cliente. Depois de uma propriedade Auto pivot ter sido alterada para uma propriedade caracterizada pelo cliente, a definição subsequente da propriedade Hinge pode ser ajustada tocando na mesma e depois tocando no botão Modificar/Mostrar Propriedade para mostrar a estrutura de dados da propriedade Hinge.

A modelação, a carga e as condições são aplicadas à estrutura antes da investigação. A modelação dos componentes estruturais, do FVD, do amortecedor de fricção e das subtilezas das articulações é feita com base nas informações do plano. Este capítulo gere a investigação destas estruturas aqui produzidas. Os resultados obtidos foram apresentados em formato de tabela no capítulo seguinte.

CAPÍTULO 7

7. resultados e discussão

7.1 Resultados da análise do espetro de resposta sem amortecedor

1 Deslocamento máximo da estrutura sem amortecedor

Tabela 7.1: Deslocamento máx. Deslocamento em ambas as direcções sem amortecedor

Nível da história	Deslocação X-dir (mm)	Deslocação Y-dir (mm)
Nível da viga de rodapé	13.763	23.615
1º nível de laje	42.254	81.204
2º nível de laje	70.092	151.457
3º nível de laje	95.332	218.515
4º nível de laje	115.619	273.434
Nível da laje de cobertura	129.177	314.302

Os resultados dos deslocamentos ocorridos devido a cargas laterais apresentados na tabela acima são considerados sem amortecedor e dão 129,177 mm de deslocamento máximo no piso da cobertura na direção X e 314,30 mm na direção Y

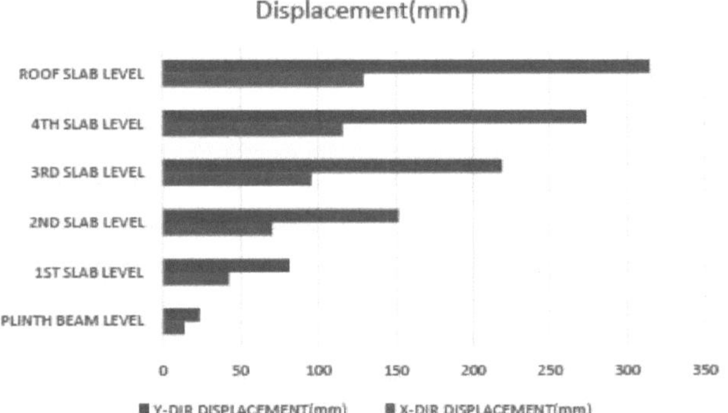

Gráfico 7.1: Deslocamento máx. Deslocamento em ambas as direcções sem amortecedor

Devido à menor dimensão da estrutura na direção Y, a estrutura apresenta um maior deslocamento na direção Y

2 . Desvio máximo da estrutura sem amortecedor

Tabela 7.2: Desvio máx. Desvio em ambas as direcções sem amortecedor

Nível da história	Deriva X-dir	Deriva Y-dir
Nível da viga de rodapé	0.002292	0.00659
1º nível da laje	0.00539	0.016164
2º nível de laje	0.006282	0.020201
3º nível de laje	0.0043	0.020253
4º nível de laje	0.003631	0.017764
Nível da laje de cobertura	0.002588	0.013892

A partir da tabela acima, podemos ver que no nível de laje 2nd e 3rd a deriva na direção Y é mais do que os critérios permitidos dados na IS 1893:2016.

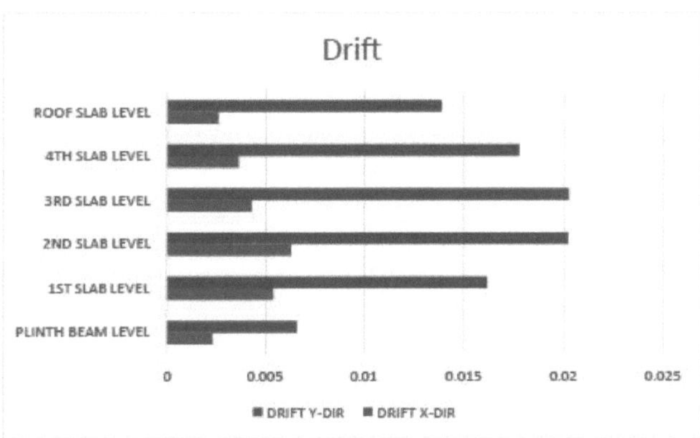

Gráfico 7.2: Desvio máx. Desvio em ambas as direcções sem amortecedor

A deriva máxima deve ser 0,0004 vezes a altura do piso da estrutura, mas em 2nd e 3rd pisos excede os critérios permitidos, pelo que, para evitar a falha, temos de introduzir amortecedores na estrutura pré-fabricada

3 Cisalhamento máximo em altura da estrutura sem amortecedor

Após a análise do espetro de resposta da estrutura pré-fabricada sem amortecedor, o valor de corte do piso é mais elevado na direção X e o valor é de 12470,106 kN devido às grandes dimensões na direção X.

Tabela 7.3: Cisalhamento máximo do piso em ambas as direcções sem amortecedor

Nível da história	Cisalhamento em pavimento X-dir(kN)	Cisalhamento em pavimento Y-dir(kN)
Nível da viga de rodapé	12470.1062	8734.0089
1º nível da laje	11853.3045	8384.9601
2º nível de laje	9653.6373	7091.8617
3º nível de laje	8329.149	6027.5433
4º nível de laje	7165.0735	4867.0307
Nível da laje de cobertura	4824.6596	2988.9836

Gráfico 7.3: Max. Cisalhamento do piso em ambas as direcções sem amortecedor

Para reduzir os valores de cisalhamento do piso nas direcções X e Y, introduzimos amortecedores na estrutura pré-fabricada, o que reduzirá Sob cargas estáticas lineares, o edifício está a passar todos os critérios de segurança, mas na análise do espetro de resposta, o edifício está a mostrar mais deslocamento do piso, valores de cisalhamento de base e valor de deriva do piso é mais de 0,004 vezes a altura do piso, o que está acima do limite permitido dado pela IS 1893 (parte 1): 2016.

7.2 Análise do espetro de resposta com amortecedor

7.2.1 Deslocamento máximo da estrutura em ambas as direcções

a) Amortecedor na parte central da estrutura

O modelo de estrutura pré-fabricada sem amortecedor provoca um maior deslocamento no piso do telhado nas direcções X e Y, pelo que, para reduzir o deslocamento, é necessário adicionar amortecedores à estrutura

Tabela 7.4: Deslocamento máx. Deslocamento em X-Dir (central-ziguezague)

Nível da história	Deslocação no centro (x-dir) (mm)	
	Atrito (ziguezague)	Viscoso (ziguezague)
Nível da viga de rodapé	4.208	0.979
1º nível da laje	24.722	4.819
2º nível de laje	52.853	9.927
3º nível de laje	80.206	16.163
4º nível de laje	102.586	22.377
Nível da laje de cobertura	119.071	28.085

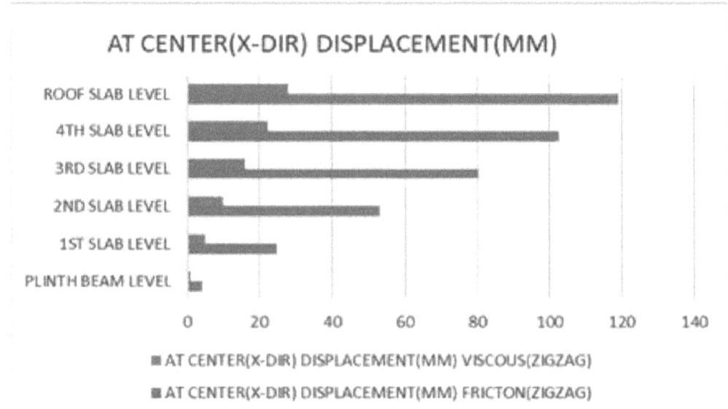

Gráfico 7.4: Deslocamento máx. Deslocamento em X-Dir(central-ziguezague)

O gráfico acima é uma comparação de modelos pré-fabricados em que os amortecedores são colocados na parte central da estrutura e o padrão de colocação dos amortecedores do piso inferior para o piso superior é um padrão em ziguezague, obtendo-se um deslocamento mínimo para os amortecedores viscosos de 28,085 mm na direção X

Tabela 7.5: Deslocamento máx. Deslocamento em Y-Dir (central-ziguezague)

Nível da história	Deslocamento no centro (Y-dir) (mm) Atrito (ziguezague) Viscoso (ziguezague)	
Nível da viga de rodapé	3.024	1.339
1º nível da laje	15.501	3.279
2º nível de laje	29.263	7.49
3º nível de laje	41.34	11.688
4º nível de laje	51.305	14.129
Nível da laje de cobertura	58.14	16.582

A tabela acima mostra o resultado do deslocamento da estrutura na direção Y quando os amortecedores são colocados na parte central da estrutura com um padrão em ziguezague do piso inferior para o piso superior, o que dá um deslocamento de 58,14 mm para o amortecedor

de fricção e 16,582 para o FVD

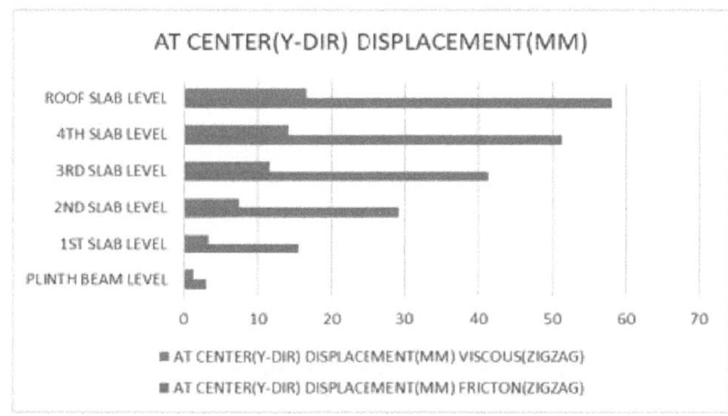

Gráfico 7.5: Deslocamento máx. Deslocamento em Y-Dir (central-ziguezague)

Tabela 7 .6: Deslocamento máx. Deslocamento em X-Dir (centro-diagonal)

Nível da história	No centro (x-dir) deslocamento (mm)	
	Atrito (Diagonal)	Viscoso (Diagonal)
Nível da viga de rodapé	4.208	0.81
1º nível da laje	24.719	4.086
2º nível de laje	52.847	8.489
3º nível de laje	80.196	14.423
4º nível de laje	102.572	20.57
Nível da laje de cobertura	119.051	26.639

A tabela acima é uma comparação dos modelos pré-fabricados em que os amortecedores são colocados na parte central da estrutura e o padrão de colocação dos amortecedores do piso inferior para o piso superior é diagonal, obtendo-se um deslocamento mínimo para os amortecedores viscosos
que 26,639 mm para a direção X

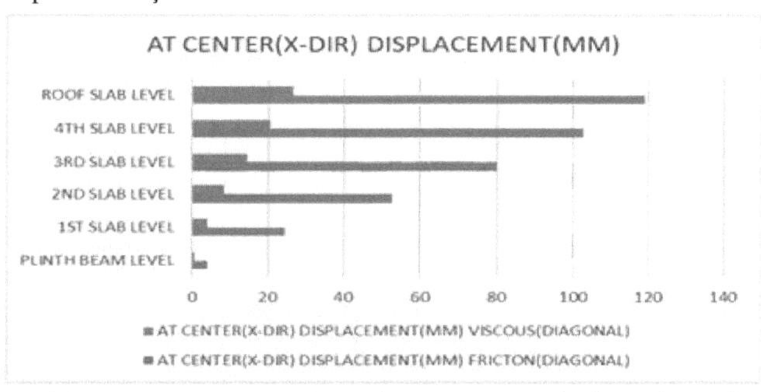

Gráfico 7.6: Deslocamento máx. Deslocamento em X-Dir (diagonal central)

O modelo de estrutura pré-fabricada com amortecedor de fricção na parte central com padrão diagonal dá um deslocamento de 119,051 mm.

Tabela 7.7: Deslocamento máx. Deslocamento em Y-Dir (centro-diagonal)

Nível da história	Deslocação no centro (Y-dir) (mm)	
	Atrito (Diagonal)	Viscoso (Diagonal)
Nível da viga de rodapé	3.022	0.321
1º nível de laje	15.488	4.633

2º nível de laje	29.237	13.197
3º nível de laje	41.316	24.54
4º nível de laje	51.333	36.324
Nível da laje de cobertura	58.164	47.622

A tabela acima é uma comparação de modelos pré-fabricados em que os amortecedores são colocados na parte central da estrutura e o padrão de colocação dos amortecedores do piso inferior para o piso superior é diagonal, obtendo-se um deslocamento mínimo para os amortecedores viscosos de 47,622 mm na direção Y

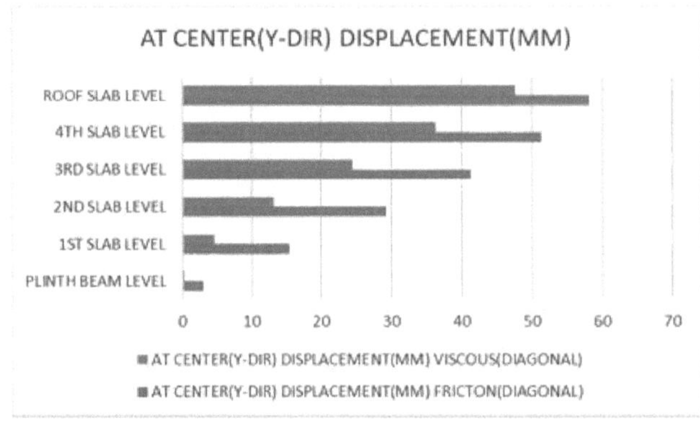

Gráfico 7.7: Deslocamento máx. Deslocamento em Y-Dir (centro-diagonal)

Com amortecedor de fricção na parte central com padrão diagonal, obtém-se uma deslocação de 58,164 mm.

b) Amortecedores na parte de canto da estrutura.

Tabela 7.8: Deslocamento máx. Deslocamento em X-Dir (canto-ziguezague)

Nível da história	No canto Deslocação (X-dir) (mm)	
	Atrito (ziguezague)	Viscoso (ziguezague)
Nível da viga de rodapé	3.127	1.451
1º nível de laje	16.265	3.628
2º nível de laje	31.031	11.853
3º nível de laje	42.903	19.944
4º nível de laje	53.297	29.71
Nível da laje de cobertura	60.443	39.568

Depois de colocar os amortecedores na parte central da estrutura pré-fabricada, verificamos o deslocamento quando os amortecedores são colocados na posição de canto da estrutura com ambos os amortecedores e a comparação dos resultados é efectuada. A tabela acima apresenta a comparação dos modelos pré-fabricados em que os amortecedores são colocados na parte do canto da estrutura e o padrão de colocação dos amortecedores do piso inferior para o piso superior é um padrão em ziguezague, obtendo-se um deslocamento mínimo para os amortecedores viscosos de 39,568 mm na direção X

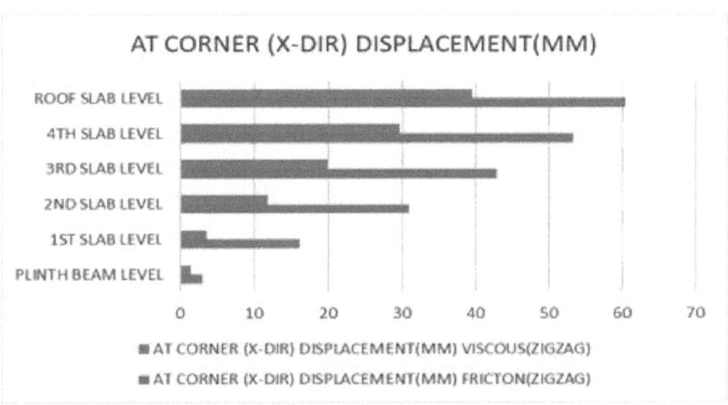

Gráfico 7.8: Deslocamento máx. Deslocamento em X-Dir (canto-ziguezague)

Tabela 7.9: Deslocamento máx. Deslocamento em Y-Dir (canto-ziguezague)

Nível da história	No canto Deslocação (Y-dir) (mm)	
	Atrito (ziguezague)	Viscoso (ziguezague)
Nível da viga de rodapé	4.066	2.072
1º nível de laje	24.394	5.18
2º nível de laje	50.985	18.575
3º nível de laje	76.341	31.97
4º nível de laje	96.918	48.782
Nível da laje de cobertura	111.874	65.595

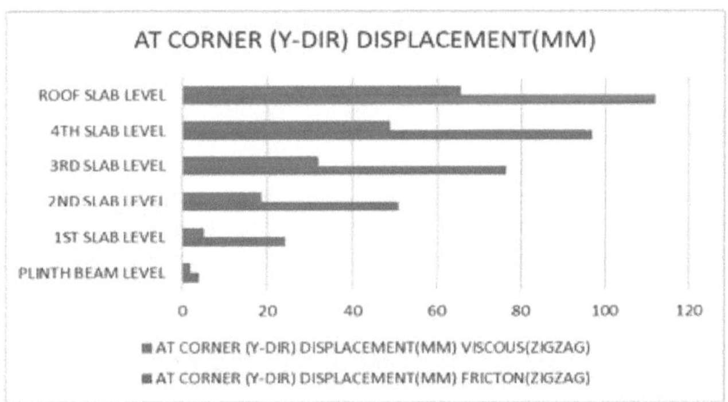

Gráfico 7.9: Deslocamento máx. Deslocamento em Y-Dir (canto-ziguezague)

A Tabela 7.9 compara os modelos pré-fabricados em que os amortecedores são colocados nos cantos da estrutura e o padrão de colocação dos amortecedores do piso inferior para o piso superior é em ziguezague, obtendo-se um deslocamento mínimo para os amortecedores viscosos de 65,595 mm na direção Y

Tabela 7.10: Deslocamento máx. Deslocamento em X-Dir (canto - diagonal)

Nível da história	No canto Deslocação (X-dir) (mm)	
	Atrito (Diagonal)	Viscoso (Diagonal)
Nível da viga de rodapé	3.127	1.2
1º nível de laje	16.265	2.73
2º nível de laje	31.031	9.201
3º nível de laje	42.903	17.688
4º nível de laje	53.297	26.88
Nível da laje de cobertura	60.443	36.093

Os amortecedores de fricção com padrão diagonal na parte do canto da estrutura dão um deslocamento de 60,443 mm, enquanto o FVD dá um deslocamento de 36,093 mm. Estes deslocamentos são na direção X.

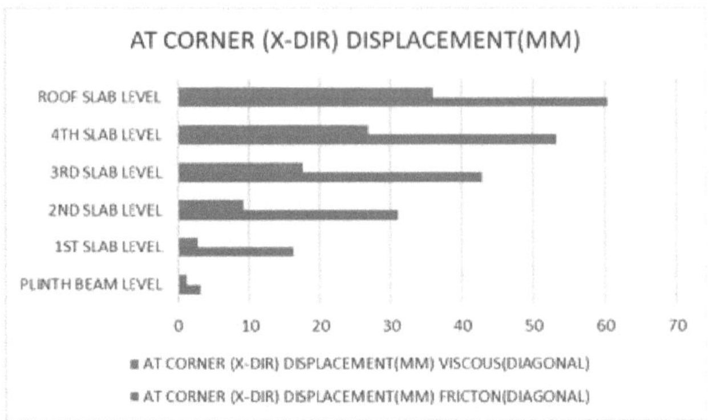

Gráfico 7.10: Deslocamento máx. Deslocamento em X-Dir (canto- diagonal)

A Tabela 7.11 compara os modelos pré-fabricados em que os amortecedores são colocados na parte do canto da estrutura e o padrão de colocação dos amortecedores do piso inferior para o piso superior é diagonal, obtendo-se um deslocamento mínimo para os amortecedores viscosos de 57,824 mm na direção Y.

Tabela 7.11: Deslocamento máx. Deslocamento em Y-Dir (canto - diagonal)

Nível da história	No canto Deslocação (Y-dir) (mm)	
	Atrito (Diagonal)	Viscoso (Diagonal)
Nível da viga de rodapé	4.598	1.35
1° nível de laje	26.524	3.626
2° nível de laje	55.751	13.325
3° nível de laje	83.807	26.82
4° nível de laje	106.786	42.127
Nível da laje de cobertura	123.82	57.824

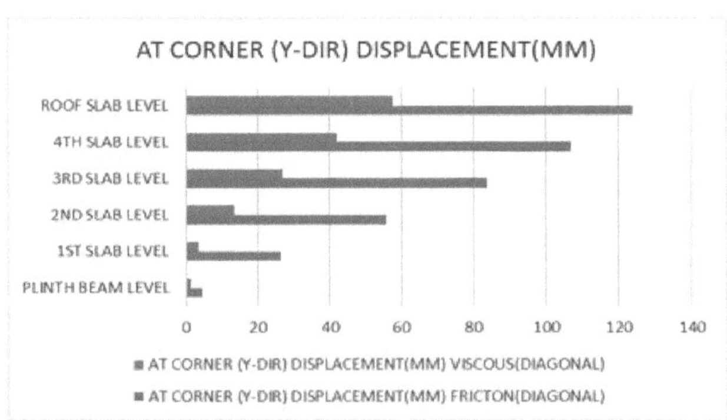

Gráfico 7.11: Deslocamento máx. Deslocamento em Y-Dir (canto - diagonal)

7.2.2 Desvio máximo da estrutura em ambas as direcções

a) Amortecedores na parte central da estrutura.

Tabela 7.12: Desvio máximo em X-Dir (centro-ziguezague)

Nível da história	Na deriva central (X-dir)	
	Atrito (ziguezague)	Viscoso (ziguezague)
Nível da viga de rodapé	0.001007	0.000326
1º nível de laje	0.002772	0.000854
2º nível de laje	0.003153	0.001333
3º nível de laje	0.002952	0.001399
4º nível de laje	0.002611	0.001401
Nível da laje de cobertura	0.001904	0.001292

O modelo de estrutura pré-fabricada sem amortecedor está a apresentar falhas de acordo com os critérios fornecidos pelo código IS, excedendo o valor de 0,0004 vezes a altura do piso, pelo que colocámos amortecedores na estrutura para reduzir a deriva da estrutura.

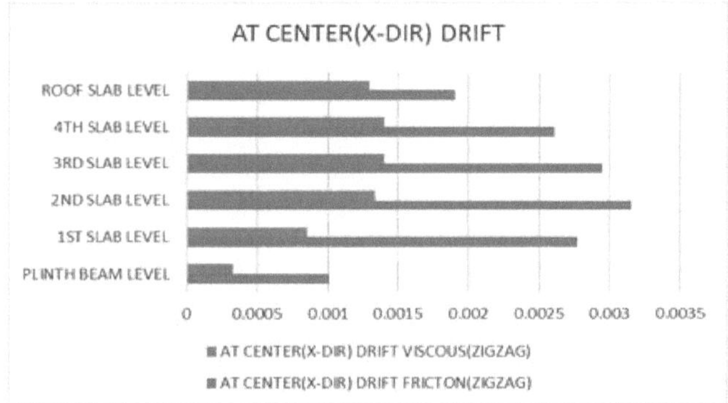

Gráfico 7.12: Desvio máximo em X-Dir (centro-ziguezague)

O gráfico acima é uma comparação de modelos pré-fabricados em que os amortecedores são colocados na parte central da estrutura e o padrão de colocação dos amortecedores do piso inferior para o piso superior é um padrão em ziguezague, obtemos um desvio do piso para os amortecedores viscosos de 0,001292 para a direção X, o que ultrapassa os critérios de desvio limitado.

Tabela 7.13: Desvio máximo em Y-Dir (centro-ziguezague)

Nível da história	Na deriva central (Y-dir)	
	Atrito (ziguezague)	Viscoso (ziguezague)
Nível da viga de rodapé	0.001403	0.000446
1º nível de laje	0.004563	0.000451
2º nível de laje	0.006357	0.000936
3º nível de laje	0.006454	0.000934
4º nível de laje	0.005693	0.000546
Nível da laje de cobertura	0.004489	0.000548

A tabela acima mostra o resultado da deriva do piso da estrutura na direção Y quando os amortecedores são colocados na parte central da estrutura com um padrão em ziguezague do piso inferior para o piso superior, dando um deslocamento de 0,004489 para o amortecedor de fricção e 0,000548 para o FVD

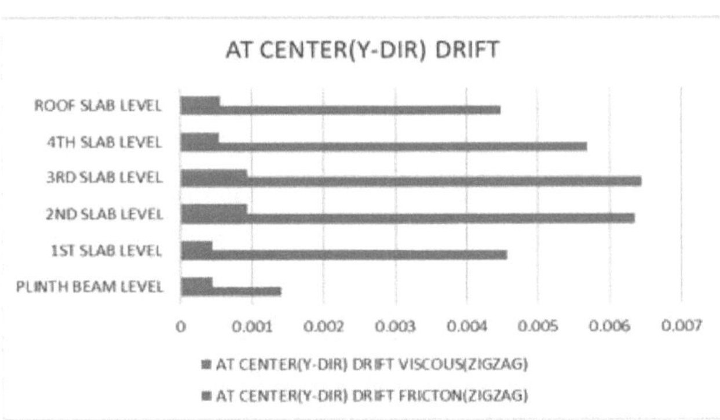

Gráfico 7.13: Desvio máximo em Y-Dir (centro-ziguezague)

Tabela 7.14: Desvio máximo em X-Dir (centro-diagonal)

Nível da história	Na deriva central (X-dir)	
	Atrito (Diagonal)	Viscoso (Diagonal)
Nível da viga de rodapé	0.001008	0.000547
1º nível de laje	0.002774	0.000729
2º nível de laje	0.003151	0.001215
3º nível de laje	0.002951	0.001384
4º nível de laje	0.001905	0.001567
Nível da laje de cobertura	0.002611	0.001559

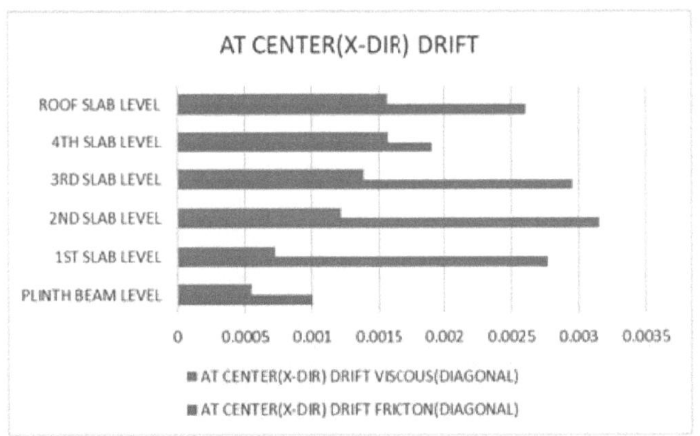

Gráfico 7.14: Desvio máximo em X-Dir (centro-diagonal)

O gráfico acima é uma comparação de modelos pré-fabricados em que os amortecedores são colocados na parte central da estrutura e o padrão de colocação dos amortecedores do piso inferior para o piso superior é um padrão diagonal, obtemos o desvio do piso para os amortecedores viscosos que 0,001559 para a direção X da tabela 7.14

Tabela 7.15: Desvio máximo em Y-Dir (centro-diagonal)

Nível da história	Na deriva central (Y-dir)	
	Atrito (Diagonal)	Viscoso (Diagonal)
Nível da viga de rodapé	0.001403	0.001007
1º nível de laje	0.004563	0.001014
2º nível de laje	0.006356	0.001908
3º nível de laje	0.006453	0.002535

4° nível de laje	0.005692	0.002635
Nível da laje de cobertura	0.004488	0.002525

A tabela acima é uma comparação de modelos pré-fabricados em que os amortecedores são colocados na parte central da estrutura e o padrão de colocação dos amortecedores do piso inferior para o piso superior é diagonal, obtendo-se um desvio de piso para os amortecedores viscosos de 0,002525 para a direção Y

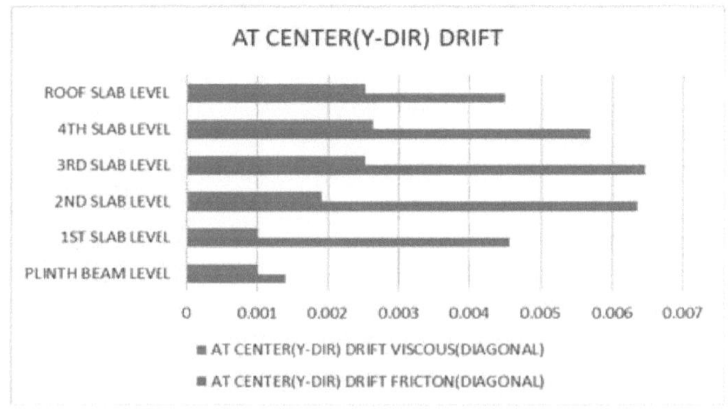

Gráfico 7.15: Desvio máximo em Y-Dir (centro-diagonal)

Com amortecedor de fricção na parte central com padrão diagonal, obtém-se 0,00488 deslocação

b) Amortecedores na parte de canto da estrutura

Tabela 7.16: Desvio máximo em X-Dir (canto-ziguezague)

Nível da história	Na deriva do canto (X-dir)	
	Atrito (ziguezague)	Viscoso (ziguezague)
Nível da viga de rodapé	0.001042	0.000484
1° nível de laje	0.002921	0.000484
2° nível de laje	0.003337	0.001841
3° nível de laje	0.003068	0.001824
4° nível de laje	0.002705	0.002212
Nível da laje de cobertura	0.001988	0.002212

Depois de colocar os amortecedores na parte central da estrutura pré-fabricada, verificamos o deslocamento quando os amortecedores são colocados na posição de canto da estrutura com ambos os amortecedores e a comparação dos resultados é efectuada. A tabela acima é uma comparação de modelos pré-fabricados em que os amortecedores são colocados na parte do canto da estrutura e o padrão de colocação dos amortecedores do piso inferior para o piso superior é um padrão em ziguezague, obtemos o desvio do piso para amortecedores viscosos que 0,00212 para a direção X

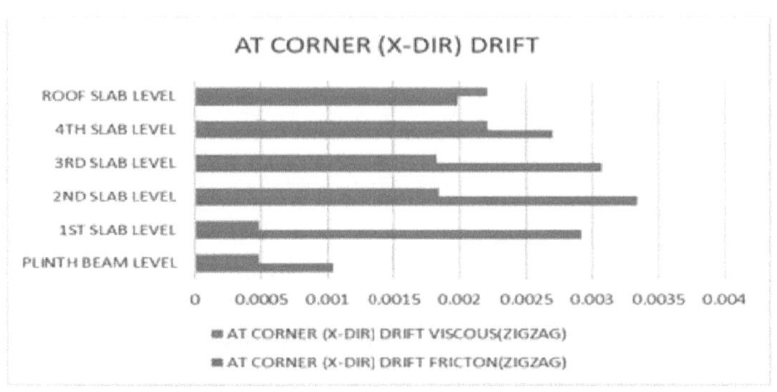

Gráfico 7.16: Desvio máximo em X-Dir (canto-ziguezague)

Tabela 7.17: Desvio máximo em Y-Dir (canto-ziguezague)

Nível da história	Na deriva do canto (Y-dir)	
	Atrito (ziguezague)	Viscoso (ziguezague)
Nível da viga de rodapé	0.001533	0.000691
1º nível de laje	0.004877	0.000691
2º nível de laje	0.006609	0.002977
3º nível de laje	0.006641	0.002977
4º nível de laje	0.005865	0.003736
Nível da laje de cobertura	0.004627	0.003736

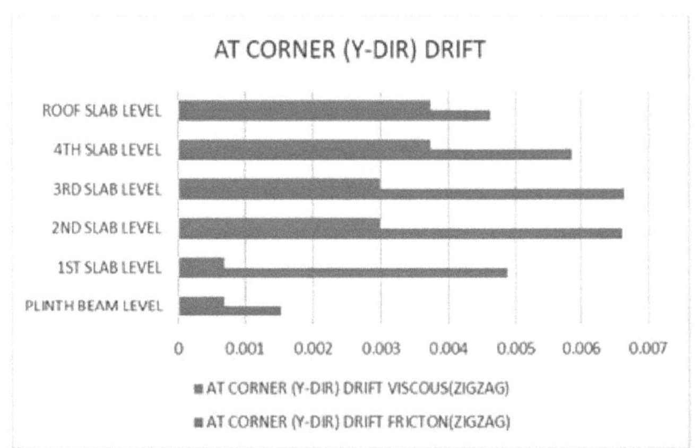

Gráfico 7.17: Desvio máximo em Y-Dir (canto-ziguezague)

A Tabela 7.17 é uma comparação de modelos pré-fabricados em que os amortecedores são colocados na parte do canto da estrutura e o padrão de colocação dos amortecedores do piso inferior para o piso superior é um padrão em ziguezague, obtendo-se um desvio do piso para os amortecedores viscosos de 0,003637 para a direção Y

Tabela 7.18: Desvio máximo em X-Dir (canto - diagonal)

Nível da história	Na deriva do canto (X-dir)	
	Atrito (Diagonal)	Viscoso (Diagonal)
Nível da viga de rodapé	0.001042	0.000584
1º nível de laje	0.002921	0.000607
2º nível de laje	0.003337	0.001445
3º nível de laje	0.003068	0.001897

4º nível de laje	0.002705	0.002072
Nível da laje de cobertura	0.001988	0.002077

Os amortecedores de fricção com padrão diagonal na parte do canto da estrutura dão um desvio de 0,001988 andares, enquanto o FVD dá um desvio de 0,02077 andares. Estes desvios de piso são na direção X.

NO CANTO (X-DIR) DESVIO

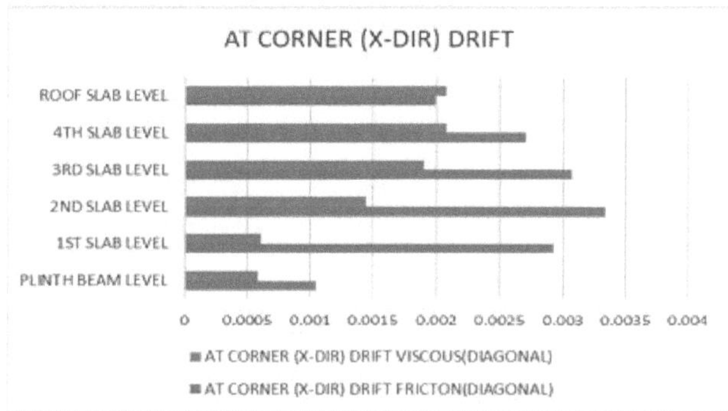

Gráfico 7.18: Desvio máximo em X-Dir (canto - diagonal)

Tabela 7.19: Desvio máximo em Y-Dir (canto - diagonal)

Nível da história	Na deriva do canto (Y-dir)	
	Atrito (Diagonal)	Viscoso (Diagonal)
Nível da viga de rodapé	0.001533	0.000608
1º nível de laje	0.004877	0.000806
2º nível de laje	0.006609	0.002155
3º nível de laje	0.006641	0.002999
4º nível de laje	0.005865	0.003402
Nível da laje de cobertura	0.004627	0.003488

A Tabela 7.19 é uma comparação de modelos pré-fabricados em que os amortecedores são colocados na parte do canto da estrutura e o padrão de colocação dos amortecedores do piso inferior para o piso superior é diagonal, obtendo-se um desvio do piso para os amortecedores viscosos de 0,003488 para a direção Y.

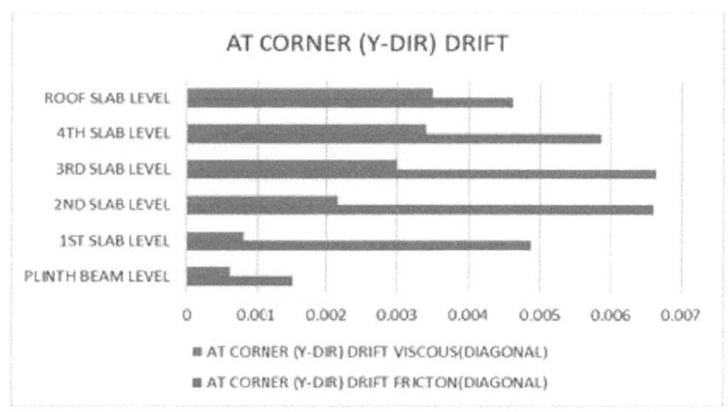

Gráfico 7.19: Desvio máximo em Y-Dir (canto - diagonal)

7.2.3 Corte máximo do piso para estrutura com amortecedor

a) Amortecedores na parte central da estrutura.

A estrutura sem amortecedor dá um cisalhamento de base de 12470 kN, pelo que, para o reduzir, são utilizados amortecedores na estrutura, o que reduzirá o valor do cisalhamento de base para verificar a melhor posição e os resultados do padrão são comparados entre si

Tabela 7.20: Cisalhamento de base máximo em X-Dir (centro-ziguezague)

	No centro do cisalhamento de base (X-dir) (kN)	
Nível da história	Atrito (ziguezague)	Viscoso (ziguezague)
Nível da viga de rodapé	5517.802	2042.8179
1° nível de laje	5387.5464	1170.8706
2° nível de laje	4527.1142	1214.4449
3° nível de laje	3847.703	1352.3485
4° nível de laje	3188.5417	1175.3791
Nível da laje de cobertura	2049.0722	1609.5631

A tabela acima é uma comparação de modelos pré-fabricados em que os amortecedores são colocados na parte central da estrutura e o padrão de colocação dos amortecedores do piso inferior para o piso superior é um padrão em ziguezague, obtemos a deriva do piso para amortecedores viscosos que 2042,817 kN para a direção X, que passa os critérios de deriva limitada. O que dá melhores resultados do que a estrutura sem amortecedores

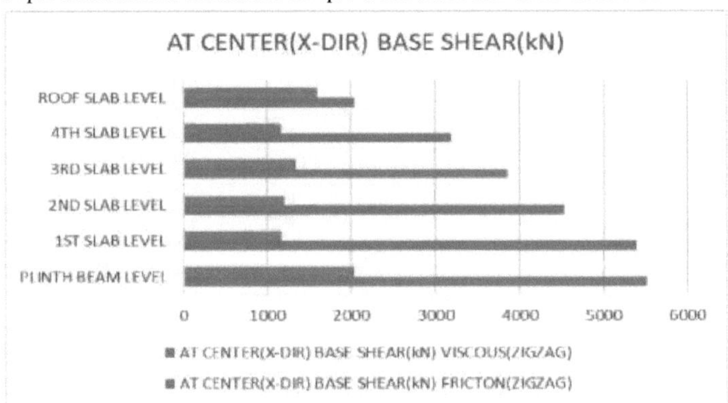

Gráfico 7.20: Cisalhamento máximo da base em X-Dir (centro-ziguezague)

Quando a estrutura é estudada com amortecedores de fricção na parte central com um padrão em ziguezague, apresenta um valor de base de 5517 kN

Tabela 7.21: Cisalhamento de base máximo em Y-Dir (centro-ziguezague)

	No centro do cisalhamento de base (Y-dir) (kN)	
Nível da história	Atrito (ziguezague)	Viscoso (ziguezague)
Nível da viga de rodapé	5106.8612	782.0071
1° nível de laje	4962.3097	790.7261
2° nível de laje	4012.7252	993.3646
3° nível de laje	3432.0003	722.0375
4° nível de laje	2967.4845	848.5254
Nível da laje de cobertura	2089.5397	821.5683

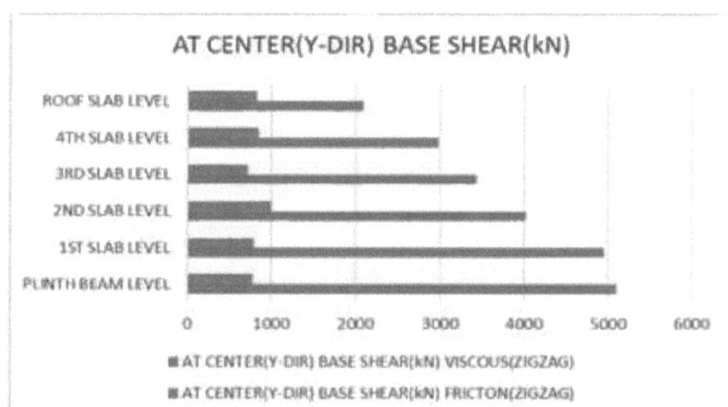

Gráfico 7.21: Cisalhamento de base máximo na direção Y (centro-ziguezague) A tabela 5.21 mostra o resultado do cisalhamento de base da estrutura na direção Y quando os amortecedores são colocados na parte central da estrutura com um padrão em ziguezague do piso inferior para o piso superior, o que dá um cisalhamento de base de 5106 kN para o amortecedor de fricção e 782 kN para o FVD

Tabela 7.22: Cisalhamento de base máximo em X-Dir (centro- diagonal)

Nível da história	No centro do cisalhamento de base (X-dir) (kN)	
	Atrito (diagonal)	Viscoso (diagonal)
Nível da viga de rodapé	5457.7209	1829.585
1° nível de laje	5157.4407	1383.3875
2° nível de laje	4136.9374	1266.419
3° nível de laje	3347.5268	1054.7532
4° nível de laje	3015.4993	990.6165
Nível da laje de cobertura	2125.1123	865.4809

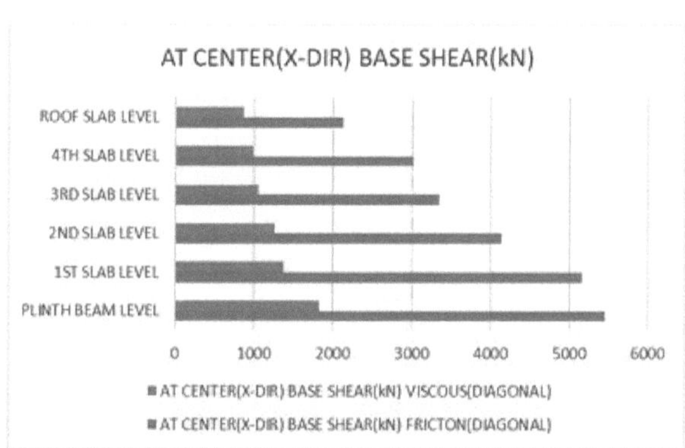

Gráfico 7.22: Cisalhamento máximo da base em X-Dir (centro- diagonal)

O gráfico acima é uma comparação de modelos pré-fabricados em que os amortecedores são colocados na parte central da estrutura e o padrão de colocação dos amortecedores do piso inferior para o piso superior é um padrão diagonal, obtendo-se um corte de base mínimo para os amortecedores viscosos de 1829 kN para a direção X a partir da tabela 7.22

Tabela 7.23: Cisalhamento de base máximo em Y-Dir (centro- diagonal)

Nível da história	No centro do cisalhamento de base (Y-dir) (kN)	
	Atrito (diagonal)	Viscoso (diagonal)
Nível da viga de rodapé	5106.1075	2623.0158
1° nível de laje	4961.5867	1197.4298

2° nível de laje	4012.2267	1034.8345
3° nível de laje	3431.6742	1188.4901
4° nível de laje	2967.1168	1257.3575
Nível da laje de cobertura	2089.2339	2117.1567

A tabela acima é uma comparação de modelos pré-fabricados em que os amortecedores são colocados na parte central da estrutura e o padrão de colocação dos amortecedores do piso inferior para o piso superior é um padrão diagonal, obtendo-se um corte de base mínimo para os amortecedores viscosos que é de 2623,014 kN para a direção Y

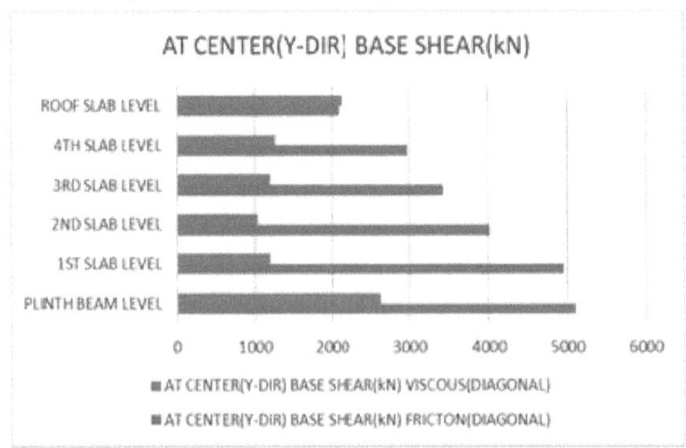

Gráfico 7.23: Cisalhamento de base máximo em Y-Dir (centro- diagonal)

Com amortecedor de fricção na parte central com padrão diagonal colocado do piso inferior para o piso superior, obtém-se um valor de corte de base de 5106 kN

b) amortecedores na parte do canto da estrutura.

Tabela 7.24: Cisalhamento de base máximo em X-Dir (canto-ziguezague)

Nível da história	No canto, cisalhamento de base (X-dir) (kN)	
	Atrito (ziguezague)	Viscoso (ziguezague)
Nível da viga de rodapé	5497.1845	4167.6858
1° nível de laje	5371.4439	2037.3205
2° nível de laje	4520.0845	2133.1395
3° nível de laje	3836.3698	2207.5754
4° nível de laje	3173.0016	1818.4421
Nível da laje de cobertura	2039.7063	1989.1997

Depois de colocar os amortecedores na parte central da estrutura pré-fabricada, verificamos o cisalhamento de base quando os amortecedores são colocados na posição de canto da estrutura com ambos os amortecedores e a comparação dos resultados é efectuada. A tabela acima é uma comparação de modelos pré-fabricados em que os amortecedores são colocados na parte do canto da estrutura e o padrão de colocação dos amortecedores do piso inferior ao piso superior é um padrão em ziguezague, obtemos o corte de base para amortecedores viscosos que é 4167,68 kN para a direção X

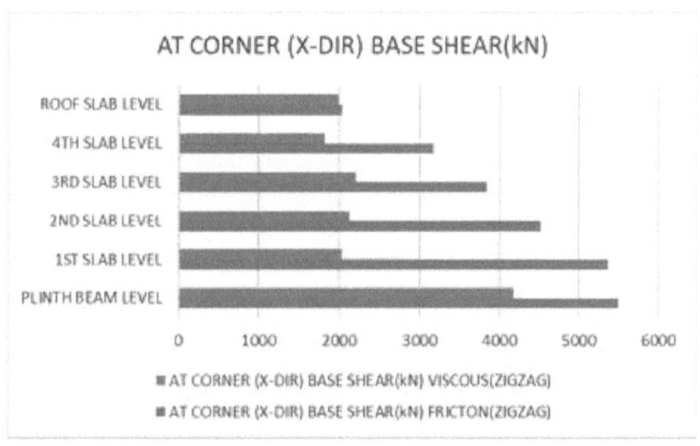

Gráfico 7.24: Cisalhamento de base máximo em X-Dir (canto-ziguezague)

Tabela 7.25: Cisalhamento de base máximo em Y-Dir (canto-ziguezague)

Nível da história	No canto, cisalhamento de base (Y-dir) (kN)	
	Atrito (ziguezague)	Viscoso (ziguezague)
Nível da viga de rodapé	6005.9487	1658.7945
1º nível de laje	5855.7395	1264.3098
2º nível de laje	4807.2375	1101.8981
3º nível de laje	4092.0635	1054.2286
4º nível de laje	3508.2353	994.9225
Nível da laje de cobertura	2393.7546	849.0892

A Tabela 7.25 é uma comparação de modelos pré-fabricados em que os amortecedores são colocados na parte do canto da estrutura e o padrão de colocação dos amortecedores do piso inferior para o piso superior é em ziguezague, obtendo-se um corte de base mínimo para os amortecedores viscosos que é de 1658,79 kN para a direção Y

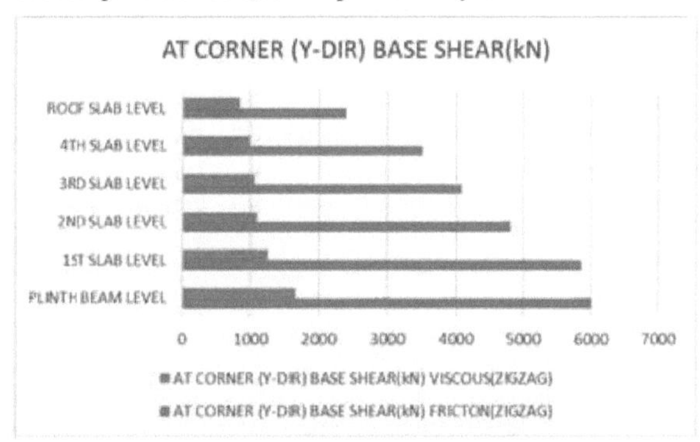

Gráfico 7.25: Cisalhamento de base máximo em Y-Dir (canto-ziguezague)

Tabela 7.26: Cisalhamento de base máximo em X-Dir (canto-diagonal)

Nível da história	No canto, cisalhamento de base (X-dir) (kN)	
	Atrito (diagonal)	Viscoso (diagonal)
Nível da viga de rodapé	5508.0399	1762.0353
1º nível da laje	5361.5851	1688.8754
2º nível de laje	4376.8395	1554.0418
3º nível de laje	3731.8519	1382.7475
4º nível de laje	3204.2283	1294.1333

Nível da laje de cobertura	2221.8483	1049.5484

A Tabela 7.26 é uma comparação de modelos pré-fabricados em que os amortecedores são colocados na parte do canto da estrutura e o padrão de colocação dos amortecedores do piso inferior para o piso superior é diagonal. Obtém-se um corte de base mínimo para os amortecedores viscosos de 1762 kN na direção X e para o amortecedor de fricção de 5508 kN

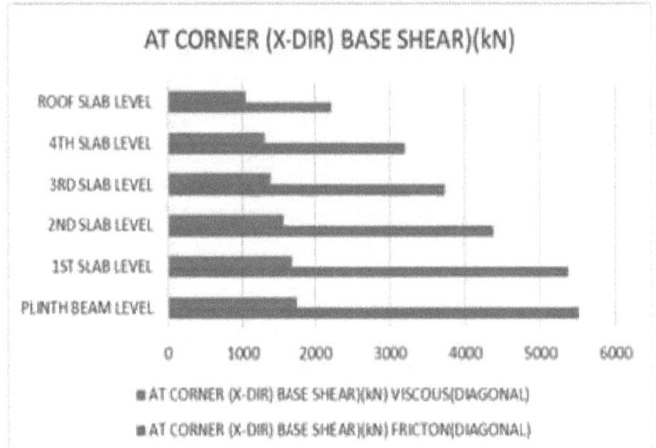

Gráfico 7.26: Cisalhamento de base máximo em X-Dir (canto-diagonal)

Tabela 7.27: Cisalhamento de base máximo em Y-Dir (canto-diagonal)

	No canto, cisalhamento de base (Y-dir) (kN)	
Nível da história	Atrito (diagonal)	Viscoso (diagonal)
Nível da viga de rodapé	2221.8483	1749.5484
1° nível de laje	3204.2283	994.1333
2° nível de laje	3731.8519	1182.7475
3° nível de laje	4376.8395	1154.0418
4° nível de laje	5361.5851	488.8754
Nível da laje de cobertura	5508.0399	1762.0353

A Tabela 7.27 apresenta uma comparação de modelos pré-fabricados em que os amortecedores são colocados na parte do canto da estrutura e o padrão de colocação dos amortecedores do piso inferior para o piso superior é o padrão diagonal de corte mínimo de base para amortecedores viscosos que 1749 kN para a direção Y.

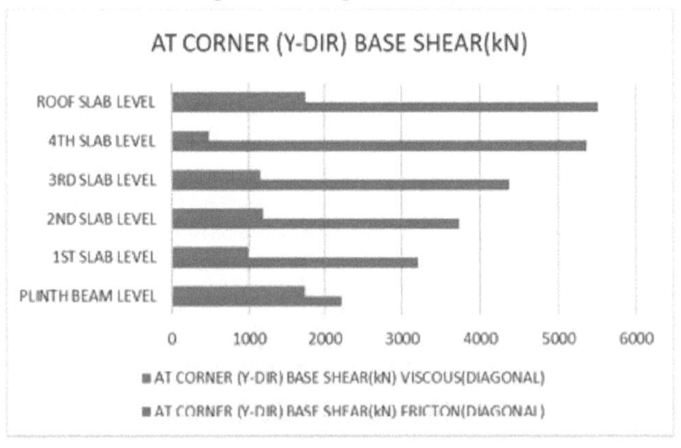

Gráfico 7.27: Cisalhamento de base máximo em Y-Dir (canto-diagonal)

Os amortecedores de fricção com padrão diagonal na parte de canto da estrutura dão 2221 kN.

7.3 Análise Pushover sem amortecedor

<u>**X-Direção**</u>

CISALHAMENTO DE BASE VS DESLOCAMENTO (X-DIR)

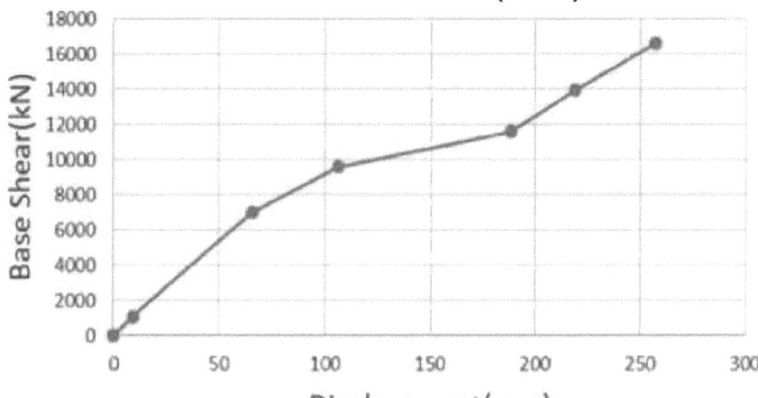

Gráfico 7.28: Cisalhamento da base vs. deslocamento em X-Dir (sem amortecedor)

<u>**Direção Y**</u>

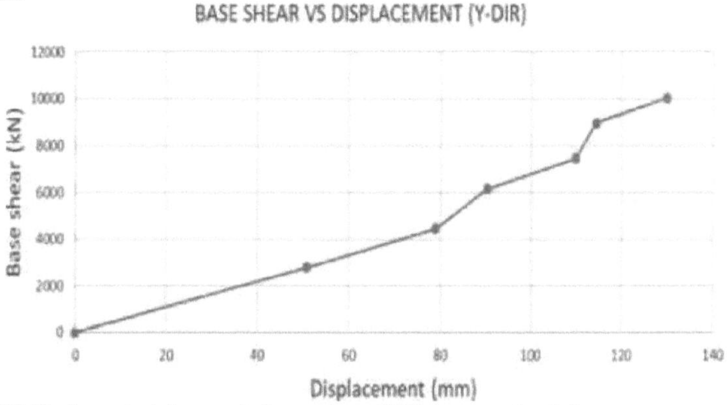

BASE SHEAR VS DISPLACEMENT (Y-DIR)

Base shear (kN)

Displacement (mm)

Gráfico 7.29: Cisalhamento da base vs. deslocamento em Y-Dir (sem amortecedor)

Para a análise do espetro de resposta da estrutura com amortecedores, obtemos melhores resultados para a estrutura com amortecedor de fluido viscoso na localização central do edifício com padrão de amortecedores em ziguezague. Assim, para a análise pushover, considera-se uma estrutura com amortecedores localizados na parte central com um padrão em ziguezague.

7.4 Amortecedores de fricção na parte central com padrão em ziguezague.

X-Direção

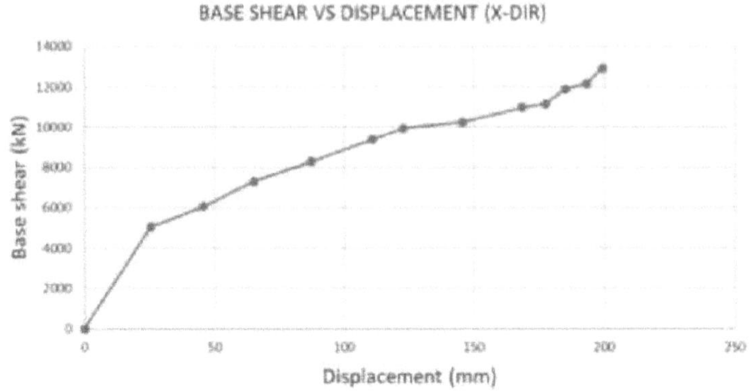

Gráfico 7.30: Cisalhamento da base Vs deslocamento em X-Dir para amortecedores de fricção na parte central com patamar em ziguezague

Direção Y

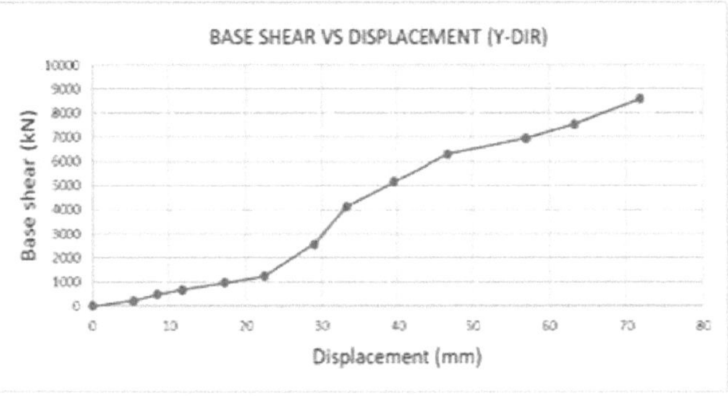

Gráfico 7.31: Cisalhamento de base versus deslocamento em Y-Dir para amortecedores de fricção na parte central

com padrão em ziguezague

7.5 Amortecedores viscosos fluidos na parte central com padrão em ziguezague.

X-Direção

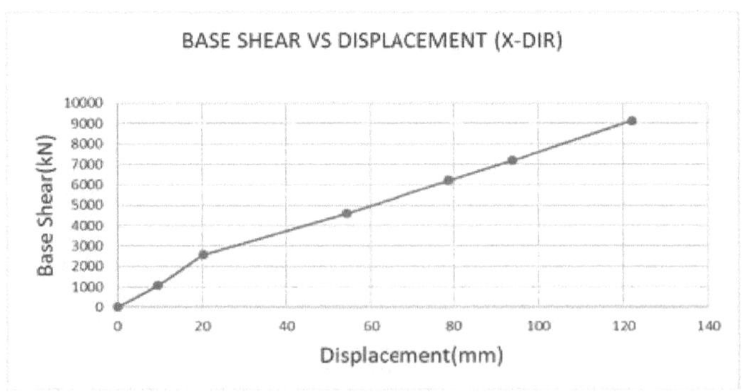

Gráfico 7.32: Cisalhamento da base Vs deslocamento em X-Dir para amortecedores viscosos fluidos na parte central
com padrão em ziguezague

Os gráficos para a análise pushover dependem do número de modos definidos pelo programa

Direção Y

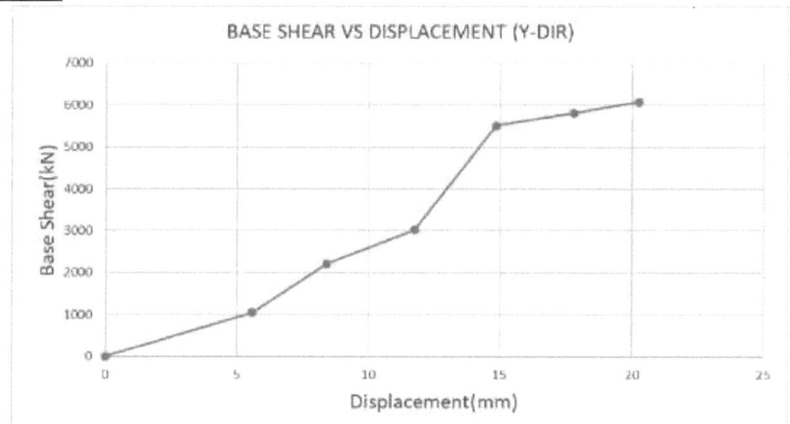

Gráfico 7.33: Cisalhamento de base versus deslocamento Y-Dir para amortecedores viscosos fluidos na parte central com padrão em ziguezague

O modelo de estrutura pré-fabricada com FVD na posição central com um padrão em ziguezague dá um valor mínimo de cisalhamento de base e um deslocamento mínimo. Por isso, apresenta um bom desempenho contra cargas laterais. A partir do desempenho da dobradiça, podemos definir.

7.6 Resultado da análise pushover:

Tabela 7.28: Comparação dos resultados da análise pushover

	FORÇA DE BASE (kN)		DESLOCAMENTO (mm)	
	X-DIR	Y-DIR	X-DIR	Y-DIR
Sem amortecedores	16574.7	10047.06	257.067	129.971
Amortecedor de fricção em ziguezague (central)	12915.6	8586.788	199.42	71.805
FVD ziguezague (central)	9140.066	6078.5	122.068	20.25

A tabela 5.28 combina os resultados do modelo de estrutura pré-fabricada sem amortecedores e com as respectivas posições e padrões de amortecedores da tabela 5.28, obtemos o valor mínimo de cisalhamento de base após a análise pushover para FVD com padrão em ziguezague na posição central. O valor do corte de base é de 9140 kN para a direção X e 6078,5 kN para a direção Y e este modelo dá um deslocamento mínimo de 122,068 mm para a direção X e 20,25 mm para a direção Y

Quadro 7.29: Desempenho da estrutura

	Direção da carga	A-B	B-C	C-D	D-E	>E	A-IO	IO-LS	LS-CP	>CP	Total
Sem amortecedor	PAX	6728	1504	0	0	0	8132	0	0	100	8232
	PAGAR	7060	1196	0	0	0	8132	12	0	88	8232
Com amorteced	PAX	6784	1448	0	0	0	8166	0	0	66	8232
	PAGAR	7858	378	0	0	0	8192	0	0	40	8232

or de fricção											
Com amortecedor de viscosidade de fluido	PAX	7826	406	0	0	0	8232	0	0	0	8232
	PAGAR	8224	8	0	0	0	8232	0	0	0	8232

Após a conclusão da análise pushover, podemos verificar a estrutura em diferentes modos que são definidos pelo programa ou pelo utilizador. Para definir o nível de desempenho das articulações, estas são definidas por cores diferentes, a partir das quais decidimos o nível de desempenho dessa articulação em particular. Exemplo A-B: esta parte do gráfico de força vs. deslocamento é conhecida como limite elástico do edifício e é apresentada no programa a verde, o que mostra que, na situação atual, não há danos nos elementos estruturais e não estruturais. Considerando que acima de CP significa acima do ponto de prevenção de colapso para o nível de colapso, este nível de articulação é mostrado no ETABS pela cor vermelha, o que significa que está a falhar. A tabela 7.29 mostra que a estrutura com FVD apresenta 0 articulações acima do nível CP da estrutura. E a estrutura sem amortecedores apresenta 100 articulações acima do nível CP

CAPÍTULO 8

8. Resumo

Todo o estudo se baseia na análise de 12 modelos de estruturas pré-fabricadas, nos quais se utiliza a análise estática linear, a análise dinâmica e a análise estática não linear para resolver o problema, de modo a tornar a estrutura altamente sustentável durante as forças sísmicas elevadas. O desempenho da estrutura pré-fabricada é estudado com recurso à análise pushover e a eficácia do amortecedor como dispositivo dissipativo passivo na estrutura de betão pré-fabricada para controlar a vibração da estrutura de betão pré-fabricada, definindo o amortecedor adequado com a localização e o padrão dos amortecedores na estrutura pré-fabricada.

- Sob cargas estáticas lineares, o edifício está a passar todos os critérios de segurança, mas na análise do espetro de resposta, o edifício está a mostrar mais deslocamentos de andares, valores de cisalhamento de base e o valor de deriva de andares é superior a 0,004 vezes a altura do andar, o que está acima do limite permitido dado pela IS 1893 (part1): 2016.
- De acordo com a comparação dos resultados da estrutura pré-fabricada, obtém-se uma redução de 79% na deflexão lateral na direção x e de 94% na direção y na parte central do edifício com a utilização de amortecedores de fluido viscoso em ziguezague.
- De acordo com a comparação dos resultados da estrutura pré-fabricada, obtém-se uma redução de 83% no corte de base na direção x e de 91% na direção y na parte central do edifício com a utilização de amortecedores de fluido viscoso em ziguezague.
- De acordo com a comparação dos resultados da estrutura pré-fabricada, obtém-se uma redução de 94% na deriva do piso na direção x e de 96% na direção y na parte central do edifício com a utilização de amortecedores de fluido viscoso em ziguezague.
- Após a análise pushover, o edifício sem amortecedor apresenta um total de 100 articulações na direção x e 88 articulações na direção y acima de CP para E (prevenção de colapso para colapso) com amortecedores de fricção, o número de articulações é reduzido para 66 articulações na direção x e 40 articulações na direção y para o edifício com amortecedores viscosos fluidos, o número de articulações acima de CP é zero.
- Após a análise pushover, obtemos um valor mínimo de cisalhamento de base e de deslocamento para a estrutura que foi introduzida com FVD na parte central com padrão em ziguezague, ou seja, 44% de diminuição no valor de cisalhamento de base na direção x e 39% de diminuição na direção y, enquanto 55% de diminuição no valor de deslocamento na direção x e 84% de diminuição no valor de deslocamento na direção y.

Referências

[1] J. Sanchez, L. Toranzo, e T. Nixon, "Seismic Performance Evaluation of an Existing Precast Concrete Shear Wall Building," *15th World Conf. Earthq. Eng. Lisboa Port.,* vol. 1949, no. Ubc 1949, pp. 6-14, 2012.

[2] H. babak Esmailzadeh, R. Alireza, and H. Teymour, "Seismic Design of Structure using Friction Damper Bracings," *13th World Conf. Earthq.*, no. 3, p. 3446, 2004.

[3] M. W. Stirling, "13th World Conference on Earthquake Engineering", *Bull. New Zeal. Soc. Earthq. Eng.*, vol. 38, no. 1, pp. 41-49, Mar. 2005, doi: 10.5459/bnzsee.38.1.41-49.

[4] E. M. Guneyisi and G. Altay, "Seismic fragility assessment of effectiveness of viscous dampers in R/C buildings under scenario earthquakes," *Struct. Saf.*, vol. 30, no. 5, pp. 461-480, Sep. 2008, doi: 10.1016/j.strusafe.2007.06.001.

[5] C. P. Providakis, "Effect of LRB isolators and supplemental viscous dampers on seismic isolated buildings under near-fault excitations," *Eng. Struct.*, vol. 30, no. 5, pp. 1187-1198, maio de 2008, doi: 10.1016/j.engstruct.2007.07.020.

[6] P. Bindurani, A. M. Prasad, e A. K. Sengupta, "Analysis of Precast Multistoreyed Building - a Case Study," *Int. J. Innov. Res. Sci. Eng. Technol*, vol. 2, no. 1, pp. 294-302, 2013.

[7] M. Valente, "Improving the Seismic Performance of Precast Buildings using Dissipative Devices," *Procedia Eng.*, vol. 54, pp. 795-804, 2013, doi: 10.1016/j.proeng.2013.03.073.

[8] N. Nabid, I. Hajirasouliha, and M. Petkovski, "Adaptive low computational cost optimisation method for performance-based seismic design of friction dampers," *Eng. Struct.*, vol. 198, no. August, p. 109549, Nov. 2019, doi: 10.1016/j.engstruct.2019.109549.

[9] Y. C. Kurama *et al.*, "Seismic-Resistant Precast Concrete Structures: State of the Art," *J. Struct. Eng.*, vol. 144, no. 4, p. 03118001, Abr. 2018, doi: 10.1061/(ASCE)ST.1943-541X.0001972.

[10] B. G. Morgen e Y. C. Kurama, "Seismic response evaluation of post-tensioned precast concrete frames with friction dampers," *8th US Natl. Conf. Earthq. Eng. 2006,* vol. 8, no. janeiro, pp. 4728-4737, 2006.

[11] M. E. Rodriguez, J. I. Restrepo, and J. J. Blandon, "Seismic Design Forces for Rigid Floor Diaphragms in Precast Concrete Building Structures," *J. Struct. Eng.*, vol. 133, no. 11, pp. 1604-1615, Nov. 2007, doi: 10.1061/(ASCE)0733-9445(2007)133:11(1604).

[12] M. A. Rahman and S. Sritharan, "Performance-Based Seismic Evaluation of Two Five-Story Precast Concrete Hybrid Frame Buildings," *J. Struct. Eng.*, vol. 133, no. 11, pp. 1489-1500, Nov. 2007, doi: 10.1061/(ASCE)0733-9445(2007)133:11(1489).

[13] Y. G. Zhao e T. Ono, "Moment methods for structural reliability," *Struct. Saf.*, vol. 23, no. 1, pp. 47-75, 2001.

[14] M. Paz, "Structural Dynamics.pdf." Van Nostrand Reinhold Company, NYC, p. 574, 1985.

[15] K.-H. Chang, *Structural Analysis*, vol. 163. 2009.

[16] Y. Zhou, X. Lu, D. Weng e R. Zhang, "Um método de projeto prático para estruturas de betão armado com amortecedores viscosos", *Eng. Struct.*, vol. 39, pp. 187-198, 2012.

Detalhes da publicação

[1] Khot Sumit Bhimrao, Viswanathan. T. S, "Seismic Response Evolution of Precast Concrete Structure with Dampers" *1st Conferência nacional sobre avanços recentes em engenharia civil. (NCRACE- 2020)*
(aceite para revisão e publicação)

Printed by Books on Demand GmbH, Norderstedt / Germany